爱上家里饭

摩天文传 著

人民日报出版社

图书在版编目（CIP）数据

爱上家里饭 / 摩天文传著. — 北京：人民日报出版社，2015.8

ISBN 978-7-5115-3317-3

Ⅰ. ①爱… Ⅱ. ①摩… Ⅲ. ①家常菜肴-菜谱 Ⅳ. ①TS972.12

中国版本图书馆CIP数据核字(2015)第182502号

书　　　名：	**爱上家里饭**
作　　　者：	摩天文传

出 版 人：	董　伟
责任编辑：	孙　祺
封面设计：	摩天文传

出版发行：	人民日报出版社
社　　址：	北京金台西路2号
邮政编码：	100733
发行热线：	（010）65369509　65369527　65369846　65363528
邮购热线：	（010）65369530　65363527
编辑热线：	（010）65369528
网　　址：	www.peopledailypress.com
经　　销：	新华书店
印　　刷：	北京鑫瑞兴印刷有限公司

开　　本：	787mm×1092mm　1/16
字　　数：	120千字
印　　张：	10
印　　次：	2015年9月第1版　　2015年9月第1次印刷

书　　号：	ISBN 978-7-5115-3317-3
定　　价：	34.80元

前言

　　快节奏的生活，是否让忙碌的你很久没有静下心来好好在家吃一顿自己亲手做的晚餐了？因为餐后久坐，导致身体开始日渐发胖；因为不规律的饮食，肠胃也开始逐渐抗议；因为经常不在家吃晚餐，所以连陪家人的时间都少了……是时候停下你的脚步，认真审视一下自己和家人的健康了。

　　晚餐是一日三餐中最重要、需要吃得最精致的餐点，不能因为忙碌错过晚餐，更不能因为想要减肥而不吃晚餐。吃好晚餐不仅能够保证机体的良好运作，也能帮助长期失眠多梦的你恢复正常睡眠。如果你是一个人独处，也可以做简单快速而又营养丰富的晚餐，抚慰自己一天的辛劳；如果你们是甜蜜的小两口，既能一起享受制作晚餐的乐趣，又能温馨的享受一桌子的幸福滋味；如果你们是幸福的三口之家，一顿精致的晚餐除了可以给家人和孩子补充均衡的营养之外，还能让全家的幸福指数激增！

　　本书精心设置了各种小家庭适合的套餐食谱，一人份的食谱追求简单快速，二人份的食谱讲究甜蜜浪漫，三人份的食谱注重营养均衡。所以不管你是一人潇洒、还是两人浪漫、或是三口之家，在这里都能找到最适合你的美味。图文并茂地为厨房新手讲解了每一道美味的用料和营养，用高清步骤图对整个制作过程进行分解指导，即使毫无基础也能快速上手，迅速成为朋友圈里的美食达人。

目录 CONTENTS

Chapter 1

健康好晚餐
爱 上 厨 房 爱 上 家

晚餐对你有多重要	**10**
最健康的烹饪法则	**12**
一家三口营养如何均衡	**14**
这样做晚餐省时又省力	**16**
省时省力的半成品晚餐食材	**18**
做晚餐最得力的厨房工具	**19**
为晚餐增色的小摆件	**20**

Chapter 2

单身好煮意

一 个 人 的 精 彩 美 味

温暖滋味 板栗香菇鸡焖饭　　　　　　24

粤式风味 煲仔饭　　　　　　　　　　26

开胃舒心 橄榄菜炒饭　　　　　　　28

清新爽口 鸡腿肉焗饭　　　　　　　30

台式风味 卤肉饭　　　　　　　　　32

回味无穷 香芋牛肉泡饭　　　　　　34

酸辣劲爽 酸辣粉　　　　　　　　　36

拌出美味 麻酱荞麦面　　　　　　　38

日式美食 照烧汁炒面　　　　　　　40

香甜可口 南瓜香肠意面　　　　　　42

营养满分 蔬菜鸡蛋面疙瘩　　　　　44

韩式风情 泡菜饺子锅　　　　　　　46

色美味佳 茄汁锅巴汤　　　　　　　48

清甜诱人 牛油果意面沙拉　　　　　50

Chapter 3

两人浪漫餐
甜 蜜 生 活 有 好 味

开胃营养套餐 ···································· **54**
· 豆豉土豆蒸排骨 × 麻婆豆腐 × 金针菇胡萝卜汤

酸甜爽口套餐 ···································· **58**
· 糖醋排骨 × 肉末四季豆 × 西湖牛肉羹

幸福滋味套餐 ···································· **62**
· 香橙排骨 × 肉末番茄豆腐 × 车螺芥菜粥

滋补美味套餐 ···································· **66**
· 油淋猪肝 × 白灼西兰花 × 杏鲍菇鸡汤

爽口爽心套餐 ···································· **70**
· 酸汤肥牛 × 紫苏炒花蛤 × 味噌卷心菜

清爽怡人套餐 ···································· **74**
· 剁椒金针菇 × 胡萝卜丝炒牛肉 × 香芋排骨汤

独门秘制套餐 ···································· **78**
· 剁椒田鸡 × 醋溜土豆丝 × 排骨木瓜汤

古早家常套餐 ···································· **82**
· 泡椒鸡胗 × 豆渣肉饼 × 上汤白菜

美颜补血套餐 ···································· **86**
· 泡椒酸辣猪脚 × 蒜蓉丝瓜蒸粉丝 × 菠菜猪肝汤

健康清淡套餐 ···································· **90**
· 肉丸粉丝汤 × 青椒炒肉 × 木耳藕片

清热减肥套餐 ···································· **94**
· 双椒炒鸭胗 × 苦瓜炒蛋 × 冬瓜虾仁汤

食欲满分套餐 ···································· **98**
· 盐焗鸡翅 × 白萝卜条炒牛肉 × 紫菜虾仁豆腐汤

快手养生套餐 ···································· **102**
· 南瓜芋头煲 × 双椒煎排骨 × 香芋肉末饭

Chapter 4

家庭幸福餐
营 养 的 幸 福 滋 味

茶香四溢套餐 ································ **108**
· 茶香排骨 × 茄汁炸蛋 × 豆腐双菇汤

妙趣荷香套餐 ································ **112**
· 荷叶蒸排骨 × 瓜皮炒粉丝 × 红薯芥菜汤

大快朵颐套餐 ································ **116**
· 冬笋红烧肉 × 腰果西芹 × 冬瓜薏米汤

鲜香滋补套餐 ································ **120**
· 蜜汁叉烧 × 肉末茄子 × 白果老鸭汤

香甜味美套餐 ································ **124**
· 粉蒸肉南瓜盅 × 三色炒虾仁 × 肉末豆芽汤

烧烤浓香套餐 ································ **128**
· 土豆烤牛肉 × 青椒炒杏鲍菇 × 玉米排骨汤

原汁原味套餐 ································ **132**
· 汽锅鸡 × 腐竹肉片 × 豆腐木耳汤

视觉盛宴套餐 ································ **136**
· 酱油鸡 × 西芹辣炒香干 × 白果黄鳝莴苣汤

创新料理套餐 ································ **140**
· 柠檬鸭 × 双椒花椰菜 × 鲫鱼豆腐汤

鲜嫩醇香套餐 ································ **144**
· 黄皮果煎鱼 × 蛤蜊蒸蛋 × 花生莲藕沙骨汤

酿出好味套餐 ································ **148**
· 酿青椒 × 金针菇黑椒肉丝 × 木耳丝瓜汤

酸甜爽口套餐 ································ **152**
· 茄汁白菜蛋包 × 杏鲍菇牛肉粒 × 味噌鲜蔬汤

创意滋补套餐 ································ **156**
· 油条虾 × 口菇炒黄瓜 × 乌鸡山药汤

爱上家里饭

Chapter 1

健康好晚餐

爱上厨房爱上家

晚餐是人体的重要能量来源之一，

健康的晚餐更是能给人带来强壮的体魄充沛的精神，

同时，晚餐又是爱与温馨的代名词，

让美味的晚餐带来家的温暖，

让你爱上厨房爱上家！

晚餐对你有多重要

"晚餐"这个词，永远闪耀着温暖的光芒。虽然现代生活节奏很快，早餐和中餐都可以随意对付过去，而唯独晚餐，可以在褪去一天的忙碌之后，静下心来与食材对话，烹饪出一锅充满爱意的美食，或者独酌、或者与家人一起共同分享这一桌子的幸福。

吃好晚餐有多重要

吃好晚餐能保证肌体运作良好

晚餐能维持肌体生命，因此非常的重要。一般早午晚餐的比重为 3:4:3，晚餐占一日三餐 30% 的分量。由于晚餐距离下一餐的间隔较长，一直到第二天早晨，在 10 个小时左右的时间里没有足够的能量支持肌体运作，所以一定要吃晚餐，补充足够的能量。不能因为工作繁忙而使晚餐不定时、不定量，有很多人甚至会饿着肚子入睡，这样做是对身体是非常不负责任的。

吃好晚餐能帮助睡眠

吃一顿好的晚餐，不仅可以保持肌体能源，对于睡眠还有一定的帮助。重视晚餐的质量，吃得均衡，吃得满足，以保证摄取的蛋白质、脂肪、碳水化合物充足，才能维持身体所需营养，可以吃些豆腐、豆干等豆制品，或是含钙的食物，钙质有镇定精神的作用，可以促使人进入安稳的睡眠状态，对夜间睡眠非常有利。只有保证了睡眠质量，才能使人在第二天有充沛的精力投入到工作学习中。

吃好晚餐能减少许多疾病

研究发现，很多疾病的诱发原因是晚上不良的饮食习惯所造成的。晚餐应该荤素合理搭配，以清淡为主，且维持在七分饱。晚餐后人的活动量不大，而后会进入睡眠状态，吃得过多过油腻容易引起血脂升高、脂肪堆积，过多的蛋白质还会增加肠胃、肝脏、肾脏的代谢负担，轻则造成肥胖症，重则引发肝肾疾病等；吃的不够分量，会造成能量和营养的补充不足，胃里没有食物而引起胃酸过多，容易造成胃炎和胃病。

吃好晚餐能保证营养平衡

在准备晚餐的时候可以回想自己早餐和午餐都吃了些什么，将缺漏的营养在晚餐中补全回来。像是粗粮纤维不足，可以在晚上烹调杂粮晚餐，补充膳食纤维；维生素在前两顿里摄取不够，晚餐中可以来一份足量蔬菜；蛋白质含量还没达到今天的营养标准，不如晚餐来份营养美味的荤菜大餐，补充蛋白质。只有这样合理的安排晚餐食谱，才能保证全天的营养平衡，保证身体的健康。

不吃晚餐有多糟糕

不吃晚餐影响身体正常代谢

有些人会觉得晚餐是可有可无的，吃不吃都无所谓，这是非常严重的错误。不吃晚餐，人体没有了能量来源，会影响到身体机能的运作，没有足够的营养，内脏的代谢速度和品质就会慢慢变差，使身体的抵抗力下降，人也会变得容易患病。

不吃晚餐易影响内分泌

人体运作的动力来源于食物，只有正常地摄取足量食物，才能维持营养平衡，保证身体内部代谢正常运行。没有晚餐提供的充足营养，除了会影响代谢，还会对人体的内分泌造成破坏，内分泌失调容易引发人体肥胖及妇科疾病等。

不吃晚餐易引发消化道疾病

不吃晚餐会使胃里的胃酸处于一种过剩的状态，没有食物来消耗过多的胃酸，很容易引发胃部疾病如溃疡、胃炎等。胃部疾病还会影响消化系统，进而引发消化道疾病，长期不吃晚餐严重的还会引发癌症。

不吃晚餐影响睡眠品质

良好的睡眠要靠健康的身体来维持，身体状况差、疾病多发，便不能保证充足的睡眠。不吃晚餐会使身体变得糟糕，能量供给不足，影响营养输送到大脑，会对睡眠造成阻碍，精神恍惚，影响记忆力，加大了失眠症的患病几率。

Tips: 让晚餐吃得更健康的 5 个建议

1. 晚餐要吃少，且保持七分饱为好，切忌暴饮暴食。
2. 晚餐在 18~19 点之间进行最有益健康。
3. 晚餐要多吃素食，以清淡为主，少吃荤食，拒绝油腻。
4. 晚餐应少吃高脂肪、高热量、高钙量、易胀气的食物。
5. 成长发育中的儿童可适当增加一餐，保证营养充足。

最健康的烹饪法则

要想吃得健康，首先得选对正确的烹饪方式，以水为介质将食材进行蒸、炖、汆、涮、蒸、煮、烩等，都是比较健康且保证营养的烹饪方法。

 营养晚餐炖出来

用炖的方式来烹饪晚餐，只加入清水和调料煮熟后再进行调味，能使食材的鲜香味不易散失，制成的菜色香鲜味足。多取丰富的汤汁为主，且汤色澄清爽口，滋味鲜浓香气醇厚。炖制食材时所产生的汤汁往往要比单纯烧菜时多，炖是先用葱、姜来炝锅，再冲入汤水烧开，水沸腾加入主要食材再次煮开后，转小火慢炖，一般用时为 2~4 个小时左右，味道一般为咸鲜味，对主料的要求是炖到酥软，常见的多用电饭锅或者陶制砂锅等炊具来烹饪。

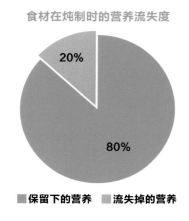

食材在炖制时的营养流失度

20%

80%

■ 保留下的营养　■ 流失掉的营养

 健康晚餐蒸出来

蒸是以加热水产生蒸气进而加热食物，烹制过程保持了菜肴的原形、原汁、原味，很大程度上保留住了食材的各种营养，而且口味鲜香。同时蒸菜很容易被消化吸收，对于胃痛、中和胃酸、治疗胃炎有辅助功效。常见的蒸法有干蒸、清蒸、粉蒸等，一般10~15 分钟就可以蒸出一道好菜，做法非常的方便快捷，且绿色环保。

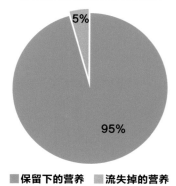

食材在蒸制时的营养流失度

5%

95%

■ 保留下的营养　■ 流失掉的营养

味美晚餐煮出来

对食材原料进行出水处理是一种制作美味佳肴的烹调手法，一般将食材进行切片、切丝、切块，或是做成丸状等，放于锅中加水，先用大火煮开后转文火煮至熟透，成品多为汤类，能保证食物的口味清鲜，避免油腻，是非常健康的一种烧菜方法。煮和汆差不多，都是用旺火先烧开再加以烹制，但煮的时间比汆要长，而且要把食材放入较多量的汤汁中烹制，菜色更鲜美、浓厚。

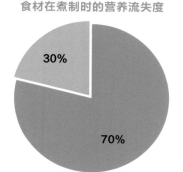

食材在煮制时的营养流失度

30%

70%

■保留下的营养　■流失掉的营养

 ## 滋补靓汤煲出来

煲是把较耐久煮的食材和佐料一起，用砂锅、汽锅等炊具来烹调，用 2~3 个小时的文火慢慢地熬，直到最后汤味变浓郁，这样可以让食材的营养成分有效地释放，并溶解在汤汁当中，非常易于人体消化和吸收，且汤鲜味美。虽然煲汤被称为厨房中的工夫活儿，但并不是说它在制作工序上繁琐，而是所需的烹调时间长。煲汤只要原料调配得合理，汤开后转小火慢熬便可，用心等待就能做出健康营养的汤品。

食材在煲制时的营养流失度

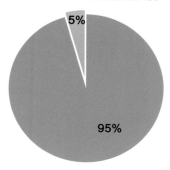

5%

95%

■保留下的营养　■流失掉的营养

一家三口营养如何均衡

为了使家人能从食物中获取到足够的营养，就要合理地选择食材，搭配好每日主食、蔬菜、水果、粗粮等，以补充所需膳食纤维，同时还要补充足量的水分。

成人的营养需求

合理安排膳食

安排好一日三餐，按照三餐 3:4:3 的比例合理调配，并且做到规律用餐。根据职业、劳动强度和生活习惯进行适当调整，合理分配三餐的时间和食物量，保证营养充足，且不能暴饮暴食，轻松愉快的就餐氛围，合理选择零食，注意口腔健康等问题。所需营养从多种食物中获取，保证蛋白质、碳水化合物、脂肪、水，补充足够的矿物质和维生素。

多吃护心食品：鱼类、红葡萄酒、黑木耳、马齿苋等。护脑食品：菠菜、韭菜、南瓜、葱、菜椒、椰菜、豆角、番茄、胡萝卜、芹菜、核桃、花生、大豆。水果：番木瓜、草莓、橘子、猕猴桃、芒果、西瓜。蔬菜：红薯、芹菜、萝卜、西红柿、白菜、卷心菜、菠菜、韭菜、西红柿、黄瓜、茄子、豆角、冬瓜。汤食：鸡汤最优，能提供大量优质养分，振奋精神，消除疲劳，改善情绪。

成人膳食选配原则

1. 控制总热量的摄取，避免肥胖。搭配主食、肉类、禽蛋等。
2. 保持适量优质蛋白质的摄取。搭配牛奶、禽蛋、瘦肉、鱼类、豆制品等。
3. 限制过多的糖类摄入，避免肥胖，只需日常的碳水化合物，拒绝多吃甜食。
4. 少吃高脂高胆固醇食物，每天脂类的摄入量控制在 50 克左右，应选植物油脂为佳。
5. 多吃含钙质丰富的食物，预防骨质疏松。搭配牛奶、豆制品、海带、新鲜蔬菜水果等。
6. 少吃盐防高血压，每天不超过 6 克。
7. 多食用防癌抗癌食品。搭配葱、蒜、坚果种子、谷物、水果等。
8. 均衡营养，搭配肉类、鱼类、蔬菜、瓜果类、粗粮等。

成人每日摄入的食物量参考表

食物种类	摄入量	食物种类	摄入量
油	< 25 克	鱼虾	50 ~ 100 克
盐	< 6 克	蛋	25 ~ 50 克
奶制品	300 克	蔬菜	300 ~ 500 克
大豆坚果	30 ~ 50 克	水果	200 ~ 400 克
禽畜	50 ~ 75 克	杂粮	250 ~ 400 克

儿童的营养需求

健康成长好搭配

　　儿童与成人不同，在生长发育的过程中需要大量的营养物质来促进身体成长，为了保证儿童身体健康、生长发育正常，充分摄入营养，使膳食多样且互相补充，才能避免各种营养缺乏症。日常中，儿童的肌肉发育所需营养素需要从蛋白质中获取；提供大脑和肌肉所需要的能量从碳水化合物中获得，以保证身体脂肪对能量的储备；同时还要多喝水，补充足够的矿物质和维生素。其中维生素是保证机体新陈代谢的必须营养素，为生长发育阶段的儿童必须摄入的重要物质。

儿童膳食的选配原则

1. 多样食物合理搭配。搭配各种蛋白质肉类、果蔬纤维素、粗细粮、碳水化合物、维生素等。
2. 单独烹饪，易于儿童的消化吸收。
3. 规划合理膳食制度，避免摄入过多营养导致肥胖。
4. 多补充钙质和蛋白质，促进身体生长。搭配奶制品、豆制品、禽蛋、谷物、新鲜果蔬等。
5. 多补充维生素。搭配牛肉、牛奶、水果、蔬菜等。
6. 避免摄入高脂肪的食物，以及过多的糖分。
7. 少吃零食，防止摄入大量的碳酸饮料，影响生长发育。

儿童每日摄入的食物量参考表

食物种类	1~3 岁	3~6 岁
油	20 ～ 25 克	25 ～ 30 克
盐	1 克	＜ 2 克
奶制品	350 ～ 500 毫升	300 ～ 400 毫升
豆制品	——	25 克
禽畜	100 克	30 ～ 40 克
鱼虾	100 克	40 ～ 50 克
蛋	100 克	60 克
蔬菜	150 ～ 200 克	200 ～ 250 克
水果	150 ～ 200 克	150 ～ 300 克
谷物	100 ～ 150 克	180 ～ 260 克
水	600 ～ 1200 毫升	1000 ～ 1600 毫升

这样做晚餐省时又省力

结束一天忙碌劳累的工作，最省时省力地做出一顿可口美味的晚餐是非常重要的，其实只要合理利用时间，这一切都将变得简单。

花一分钟做个小计划

先将晚餐要做的菜在心里过一遍，每个菜做的过程简单梳理一下，然后规划好如何打时间差、如何将烹饪之中的工作交叉进行。比如在烧水的间隙可以清洗和切配好食材，在焖煮的间隙去切葱、待起锅的时候就可以用上了。这样穿插进行各项烹饪工作，整个晚饭的制作时间就能缩短不少。

冰箱常备便于保存的食材

一些肉类和生鲜都比较便于冷冻保存在冰箱中，如鸡蛋等可以较长时间的冷藏。有意识的囤一些方便冷藏冷冻保存的食材在冰箱里，即使下班后没有时间再去买菜，回到家也不会"巧妇难为无米之炊"。注意不需要囤积太多食材，可以每周末采购一次，本周吃完之后再采购下周的食材，做到本周采购的食材本周吃完，避免长期保存忘记了食材的储藏时间或食材不够新鲜。

准备好易煮的食材

到超市或菜市场选购食材，要尽量挑易煮且营养充足的肉类蔬菜，选择的标准是面积较小、较薄、方便切配或是可生吃的，以及加热后能快速熟透的食材，例如蛋类、鱼肉、虾、豆芽、豆腐、豆子、西红柿、黄瓜等，也可以置备干制材料，在泡发材料的时间里能做许多的准备工作。

这样切配让烹调更省时

普通家庭中节省晚餐烹饪时间的小秘诀是，在准备食材的时候将体积较大的食材切成片状、条状，或者是切成丁。这样能减小食材的接触面，在烹调的时候能使食材更快的熟透，还能将食材的滋味快速的烹调出来，保证了香气和原味。另外还可以将肉类、淀粉类的食材捣碎剁成泥状，烹饪时同样会在一定程度上节约制作晚餐的时间，这种切配方式更能讨得家中老人和小朋友的喜爱。

炊具预热使烹饪更省时

不想在厨房里浪费太多时间，可以预先将炊具加热。在准备食材的时候，先把炉灶打开，烤箱加热，或者倒水入锅中先将水烧开，都是提前将炊具预热的方法。如果是气温较低的冬天，加热温度慢，则可以用烧开的热水或是热汤来烹饪食材，同样能使烹调工作事半功倍。厨具根据制作的材质不同需要的预热时间也是不同的，一般的家用炊具预热需要 10~15 分钟，了解家中炊具的材质和加热时长，将有助于烹饪中对于时间的把控。

组合搭配做晚餐更省事

一般家用电饭锅的锅内空间比较大，而且有可取放的蒸笼隔层，因此完全可以利用隔层在煮饭的同时进行食材的烹调。通常电饭锅煮饭的时间是 20~35 分钟左右，将米淘洗干净后放入电饭锅内，放进蒸笼隔层，把处理好的食材放在隔层上，盖上电饭锅盖按下煮饭键即可。煮饭时产生的蒸汽不仅能将食材煮熟，还能很好的保留食材中的营养成分，即合理利用了烹调时间，也充分利用了烹饪空间，节约了能源。

巧选省力厨具好帮手

将食材准备好后，要考虑的就是厨具的使用，根据食材的性质和需要烹调的时间来备齐所用炊具，常见的电饭锅、炒锅、蒸锅、高压锅、微波炉、烤箱等，都是现代家庭中常使用的烹饪工具，掌握各种用具的特质，将它们灵活运用，准备一顿丰富美味的晚餐便能游刃有余。而微波炉和高压锅能将烹调食物的时间缩短，用它们来准备晚餐是省时的方法之一。

辅料作料有序组织备齐

准备晚餐的步骤里要包括准备做菜用的辅料佐料调料，考虑好佐料的先后放入顺序，将它们有序的摆放在案台上，在烹饪的时候就能清楚的找到想要的辅料，让烹饪工作有序进行。要注意的是，一些特殊菜式的做法中需要特殊材料的辅助，将这些特殊材料找齐放好也是非常必要的，往往一锅好菜很有可能在寻找香油或是大酱的时间里被毁掉。另外，如果是不熟知菜式的情况下，最好是能将菜谱摆放在便于阅读的位置，参考烹饪。

保持厨房空间干净整洁

一个干净整洁的厨房环境，是准备好一顿晚餐的先决条件。在开始做菜之前，除了要熟悉菜谱和准备必需品外，还要将厨房环境整理干净，使用到的炊具、器皿、碗碟等，清洗一下摆放好，给做菜腾出足够的空间，若是案台一片凌乱绝对会影响发挥，降低烹饪效率。尤其需要搅拌机或是粉碎器等工具辅助烹饪时，将用具提前清洗好以备随时使用，都是非常省时间的做法。

省时省力的半成品晚餐食材

　　有很多半成品的食材，只需要简单加工，就可以快速制作出一道色香味俱全的佳肴，在平时工作日时间不是很充裕的情况下，使用这些食材可以大大缩短晚餐的烹饪时间。

盒装净菜

　　大型超市都会有配好的盒装净菜出售，这种净菜盒里面配好某一道菜的所有食材和辅料，只需买回去按顺序下料烹饪即可，非常简单方便。

生煎肉排

　　超市一般会有肉排的切件，比如牛排、鸡排、猪排等，有些是净生肉，也有腌制好的生肉。只要买回家煎熟即可食用，大大减少了料理食材和烹饪的时间。

半熟食品

　　烤肠、香肠，都是经过熟加工的食品，它们便于保存，同时也方便烹饪，只需要稍微加热至熟透即可。

熟食

　　烤制、盐焗类的烤鸭、烧鹅、盐焗鸡、手撕鸡等，都是在市面上能买的熟食，通常作为来不及制作晚餐时的菜品。

腌制熏肉

　　熏肉、培根、腊肠、腊肉都是腌制食品，它们当中含有大量的钠盐，烹饪时不需要放盐和酱油味道就足够了，是省时晚餐中常用的食材。

速冻食材

　　速冻的肉类、面点等，都是比较节省时间的晚餐食材，它们可以保存在冰箱的冷藏室中，保质期较长，在繁忙的生活中是非常便捷的料理之一。

做晚餐最得力的厨房工具

所谓"工欲善其事，必先利其器"，有很多日常的厨房工具，只要利用得当，都可以帮助你更加简单快速地制作出美食，让你的晚餐尽早开饭。

定时炖盅

定时炖盅可以在早上出门前设置好时间，在你尚未下班时炖盅会自动启动炖汤。等你下班到家就可以享用到刚刚出锅的美味炖汤，大大节省了晚餐制作的时间。

料理机

料理机可以帮助快速打碎食材原料，不管是肉末，还是馅料，料理机打碎原料省时省力，比人工剁碎精细很多。

微波炉

大部分人只会用微波炉加热食物或者解冻食材，实际上微波炉的烹饪功能非常强大，只用微波炉也能做出不少美味来，而且不用开火、没有油烟。

烤箱

烤箱被誉为幸福感最强的厨房工具，只需将料理得当的食材放入烤箱设置好参数，就可以去制作别的食物，这样利用烤箱的时间差烹饪晚餐可以大大节约烹饪的时间。

分层电饭锅

分层电饭锅的优势是可以下层煮饭上层蒸菜，将蒸菜的食材和米分层放入锅中，待米饭煮熟的同时，一道菜也新鲜出炉了。

电火锅

电火锅可谓是懒人必备神器，一家人围坐在电火锅前，将切配好的食材边煮边吃，完全省略掉烹饪的时间。现在还有各式一人份的小火锅，即使单身也能在家享用美味火锅。

为晚餐增色的小摆件

为了增添餐桌气氛，使享用晚餐的过程变得更轻松美妙，餐桌上的许多小物件往往以它们独特的魅力来取悦你的心情，让你的晚餐更美味可口。

蜡烛

两人用餐时，用蜡烛来营造烛光晚餐的气氛最合适不过了，搭配精巧别致的烛台，不仅能装饰餐桌，还使晚餐变得温馨、浪漫。

烛台

精致的烛台是烛光晚餐的最佳搭档，复古柔美的线条能让餐桌变得高贵典雅，活跃用餐气氛的同时还能增加观赏性。

高脚杯

高脚杯多用来盛装红酒、香槟等各种酒类。根据酒的不同搭配杯型各异的高脚杯，彰显地道生活。

红酒架

在餐桌的一旁摆放上装红酒瓶的小架子，华丽繁多的造型极具艺术性，不仅实用，用餐时观赏还能让人心情愉快。

调料瓶

用来装盐、胡椒粉、辣椒粉、糖等干燥粉质调味料的小瓶子，盖子上有小孔便于调味料的撒放，造型好看的调料小瓶子能增添餐桌的乐趣。

餐盘

用来盛装菜肴的餐具，最好选择整套搭配，精致、素雅、活泼的图案，作为日常每天使用的用餐工具，都会让人味口大增，心情愉悦。

筷子架

用来放置筷子的小托架，也能摆放勺子，有各种创意的造型，颜色也十分丰富多彩。挑选一款自己喜爱的小托架，装饰餐桌是不错的选择。

调味小碟

用它们来盛装酱料小配菜的同时也能够装点桌面，大小和造型根据自己的喜好来选择，摆放于餐桌上搭配餐具，使餐桌变得美丽，也让人胃口变更好。

餐巾

用于擦拭污渍时用的纺织小方布，一般多见于西餐中使用，摆放在餐桌上不但干净卫生，还能使整个餐桌看起来更优雅。

餐垫

家庭中常它来区分个人的用餐区域，还有一个作用是保持桌面卫生，搭配整体用餐具。可以选择适合心意的图案和花纹，美化用餐环境。

防滑隔热垫

用来垫在餐盘底下的小垫子，以隔开餐具与桌面的接触，防止过热的餐盘对桌面造成损坏，同时也具有防滑效果。

桌布

可根据装修风格来选定桌布的图案，重在强调装饰风格，用餐时也具备一定的观赏性，美化餐桌环境。

爱上家里饭

Chapter 2

单身好煮意

一个人的精彩美味

一个人的晚餐分量太小，也许煮饭多少不好拿捏；

但也不能因为图方便就每天选择外食。

拿起手中的厨具，

为自己做一顿美味晚餐，

再忙也要一个人活得精彩。

温暖滋味 板栗香菇鸡焖饭

暖胃的板栗是焖饭的好材料，一个人吃饭不需要太多繁复的花样，一份美味营养的焖饭就能满足我们小小的胃。

准备这些别漏掉

鸡肉500克
板栗5颗
香菇2个
大米50克
姜2片
酱油少许
盐少许
料酒少许

制作零失误

1. 没有新鲜的香菇可以用干香菇泡水来代替。

2. 米饭煮好后，可以多按2下煮饭键，些许锅巴让焖饭更香。

3. 比较大块的鸡肉，如鸡腿鸡翅可以打一下花刀让其更入味。

美味晚餐轻松做

① 鸡肉加入酱油、盐、料酒和姜片腌制1小时。

② 板栗去壳后切小块，放入锅中煮10分钟。

③ 待板栗断生后，将板栗捞出。

④ 将香菇洗净，并切成小片。

⑤ 将板栗和香菇片放入锅中炒出香味。

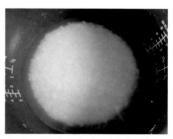

⑥ 电饭锅中加入米，洗净后加适量水。

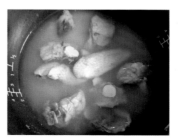

⑦ 将腌制好的鸡肉倒入盛有米的锅中。

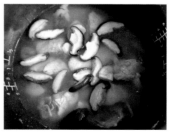

⑧ 再放入板栗和香菇，按煮饭键即可。

粤式风味 煲仔饭

广式砂锅饭作为一种特色快餐，百余种风味受到人们普遍的喜爱与欢迎。其中煲仔饭作为这一菜系的代表，更是以唇齿留香，回味无穷著称。

美味晚餐轻松做

① 砂锅洗净用软布擦干水分后在锅中刷适量油。

② 大米洗净用水泡一夜，滤干后倒入锅中。

③ 在锅中倒入适量水，注意控制水量。

④ 腊肠切片依次摆入锅中，大火烧开后转小火收干水。

⑤ 放入姜丝、香菇，打入鸡蛋，加盖小火煮15分钟。

⑥ 青菜洗净，在开水中焯一下然后滤干。

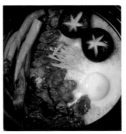

⑦ 米饭煮好后将青菜整齐地摆入锅中。

⑧ 将酱油、盐和白砂糖拌匀倒入锅中。

准备这些别漏掉

大米200克、腊肠2根、香菇2个、鸡蛋1个、青菜适量、姜2片、水300克、酱油2勺、油少许、盐少许、白砂糖少许

制作零失误

1. 想要制作容易煮熟又松软可口的米饭，一定要先把米泡一夜。

2. 煮饭时要用最小火，这样米饭比较香，火候大了底部易煮焦。

3. 快要起锅前放入青菜煮熟即可。

开胃舒心 橄榄菜炒饭

"一人食"最重要的还是方便快捷，在超市就能便利买到的橄榄菜作为炒饭原料，让独享的美味更健康舒心。

准备这些别漏掉

橄榄菜10克
腊肠1根
黄瓜1/2根
鸡蛋1个
米饭1碗
盐少许
酱油少许

制作零失误

1. 橄榄菜有油和咸度，炒米饭时油和盐少放一些。

2. 鸡蛋打入后要等稍稍凝固再翻炒，不然蛋液会使米饭过黏影响口感。

3. 打入鸡蛋后可以稍微把火关小，避免火候过大将鸡蛋炒糊。

① 准备一碗已煮好的米饭。

② 将腊肠切成小片，黄瓜切成小块待用。

③ 锅中倒入适量油，将米饭翻炒松散。

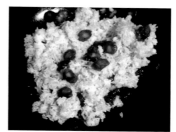

④ 加入腊肠，与米饭一起翻炒均匀。

⑤ 将橄榄菜一同加入锅中，炒出香味。

⑥ 在米饭中间腾出一个空，倒入打散的鸡蛋。

⑦ 待蛋液稍微凝固后，继续翻炒均匀。

⑧ 最后加入黄瓜粒，撒入盐和酱油即可。

清新爽口 鸡腿肉焗饭

不想晚餐吃得太油腻，用健康的原料搭配清爽的食材，用烤箱做一道焗饭，一定是非常好的选择！既美味，又营养，实在不容错过。

美味晚餐轻松做

① 鸡腿去骨切块后用酱油、盐、胡椒粉、料酒腌制1个小时。

② 将西红柿、青椒和胡萝卜洗净，切成小块待用。

③ 将胡萝卜和鸡块放入锅中均匀炒熟。

④ 加入西红柿和青椒，加少许水翻炒至西红柿出汁后加入盐。

⑤ 在碗里装入八分满的米饭稍稍压平。

⑥ 将煮好的茄汁鸡块铺满在米饭上。

⑦ 在装好菜的碗内均匀撒上马苏里拉芝士。

⑧ 放入烤箱180℃烤5分钟即可。

准备这些别漏掉

鸡腿1个、西红柿1/2个、青椒1根、胡萝卜1/2根、米饭1碗、马苏里拉芝士20克、酱油少许、胡椒粉少许、料酒少许、盐少许

制作零失误

1. 想减肥的朋友也可以选择鸡胸脯作为食材。
2. 米饭软硬程度应适中，焗饭注意控制火力大小。
3. 根据烤箱的大小调整烘烤温度，以避免烤糊烤焦。

台式风味 卤肉饭

卤肉饭是风靡台湾的汉族名小吃，以其独特的台式风味，闻名大中华地区。肥而不腻、甜咸适口、浓香四溢是它的标签，也是晚餐的尚好选择。

🍽 🍲 ☕ 🫖

准备这些别漏掉

五花肉150克

鸡蛋2个

香菇2个

香叶2片

姜2片

大蒜1瓣

八角2个

冰糖10克

酱油适量

水适量

盐适量

老抽少许

🍽 🍲 ☕ 🫖

制作零失误

1. 煮熟的鸡蛋捞起后即放入冷水中浸泡几分钟，剥壳会更轻松。

2. 老抽只是为了调色，让卤肉饭颜色更美观，不要放太多。

3. 可中途开盖翻动一下鸡蛋，让鸡蛋上色均匀。

美味晚餐轻松做

① 五花肉用清水洗净，切成均等的小段。

② 将新鲜的香菇用水仔细洗净，均等切碎。

③ 将姜片、大蒜、香叶、八角放入油锅中翻炒出香味。

④ 加入五花肉，翻炒至呈金黄色。

⑤ 加入香菇、冰糖、酱油和老抽炒至冰糖融化。

⑥ 倒入适量水，小火焖煮20分钟。

⑦ 加入煮熟的鸡蛋并剥壳，盖上盖子继续焖20分钟。

⑧ 大火收汁后，加入适量盐即可。

回味无穷 香芋牛肉泡饭

我们有时候提不起食欲，又或者想吃很多东西又担心吸收不了，这个时候就需要一道不仅能满足口福又没有负担感的美食，这款香芋牛肉泡饭就是最佳选择。

美味晚餐轻松做

① 用清水将杏鲍菇和香菇洗净后切成片。

② 将芋头洗净削皮，切成小块备用。

③ 将带梗的白菜洗净后切成均等小段。

④ 牛肉用耗油、酱油、水、淀粉拌匀腌制20分钟。

⑤ 锅中烧开水后，倒入米饭、菇类和芋头一起煮。

⑥ 待芋头稍微变软后加入白菜煮熟。

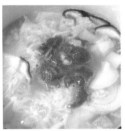

⑦ 开大火待汤煮滚后将牛肉放入锅中，拌匀后关火。

⑧ 最后加入盐和胡椒粉稍微拌匀即可。

准备这些别漏掉

牛肉 100 克、芋头 1 个、杏鲍菇 1 根、香菇 2 个、白菜叶 2 片、米饭 1 碗、盐少许、胡椒粉少许

制作零失误

1. 牛肉倒入煮滚的汤锅中马上关火，不然牛肉会煮老。
2. 芋头不宜煮太软，容易使汤变浑浊，影响口感。
3. 不宜用太软烂的米饭，稍硬米饭烹调口感更佳。

酸辣劲爽 酸辣粉

酸辣粉从川渝一带风靡全国一定有它的真本事。视觉上粉丝晶莹可爱，点缀上黄豆趣味多多，酸爽的口感更是一绝，喜欢吃辣的朋友还可以按个人口味添加辣酱。

准备这些别漏掉

红薯粉1把
黄豆20克
青菜2根
榨菜适量
香菜少许
辣椒油2勺
芝麻5克
酱油1勺
陈醋1勺
白砂糖少许
盐少许
胡椒粉少许
水适量

制作零失误

1. 红薯粉提前泡发会比较容易煮熟。

2. 干黄豆在油炸之前需用水泡好。

3. 榨菜还可根据喜好替换成木耳、菌类、豆芽等。

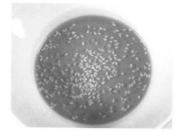

① 在碗中倒入辣椒油，撒入少许芝麻。

② 加入酱油、陈醋、白砂糖、盐和胡椒粉。

③ 将适量的水倒入锅中煮熟调成酸辣汤。

④ 将红薯粉用开水煮熟后捞出沥干水分。

⑤ 锅中倒油将黄豆炸熟呈金黄色。

⑥ 将沥干的红薯粉放入碗中，炒熟青菜放入。

⑦ 将先前调好的汤汁，倒入红薯粉中。

⑧ 最后加入黄豆和榨菜，撒上香菜即可。

拌出美味 麻酱荞麦面

在忙碌的工作下班后人们往往不想制作复杂的晚餐菜式，在这里只用简单的几步，就能轻松做出既美味又健康的晚饭，在周末拌上一份荞麦面更能享受到惬意和放松。

美味晚餐轻松做

① 将荞麦面放入锅中用水煮熟。

② 捞出后放进装有冰块的清水里泡一会儿。

③ 沥干冷水，盛至盘中摆成形。

④ 将黄瓜和胡萝卜洗净切成细丝。

⑤ 将胡萝卜放入锅中煮熟后沥干水盛出。

⑥ 将鸡蛋煮熟后剥去外壳对半切开。

⑦ 将黄瓜丝、胡萝卜丝和鸡蛋摆入盛有荞麦面的盘中。

⑧ 最后撒上芝麻和海苔，淋上麻酱即可。

准备这些别漏掉

荞麦面 1 把、黄瓜 1/2 根、胡萝卜 1/2 根、鸡蛋 1 个、麻酱适量、芝麻少许、海苔碎少许

制作零失误

1. 荞麦面放入冰水中浸泡可使面条更具有弹性。

2. 胡萝卜焯熟食用较好，黄瓜生吃口感更佳。

3. 芝麻酱或花生酱可根据喜好添加，淋上后需稍微翻拌。

日式美食 照烧汁炒面

日式菜肴以简约而不简单闻名，简单的食材配上风味独特的照烧汁，让普通的炒面不仅看上去色泽光感极好，更具日式独有的香醇风味。

准备这些别漏掉

袋装日式拉面1包
火腿2片
包菜2片
洋葱1/2个
胡萝卜1/2个
蜂蜜1勺
酱油3勺
料酒3勺
水2勺

制作零失误

1. 拉面不用煮太久，焯水使面饼松散即可，以免再次炒时容易变糊。

2. 调制照烧汁时加入少许洋葱末、蒜、姜能让酱汁味道更好。

3. 盛盘后煎一个鸡蛋摆在炒面上可增加营养。

① 洗净食材，将包菜切片，洋葱和胡萝卜切条。

② 将火腿切成均等的小片待用。

③ 拉面放入锅中用开水焯一下。

④ 将煮好的拉面捞出，沥干水分备用。

⑤ 将酱油、料酒、蜂蜜和水倒入碗中拌匀。

⑥ 锅中加少许油，将切好的蔬菜和火腿炒熟。

⑦ 最后加入拉面一起翻炒。

⑧ 倒入照烧汁，用筷子拌匀，盛盘撒上海苔碎和木鱼花。

香甜可口 南瓜香肠意面

养胃的面食向来是晚餐的优选，尤其是以爽滑美味著称的意大利面，更是流行佳肴。选用南瓜与香肠作为主料，清甜味美，不可多得。

美味晚餐轻松做

① 南瓜洗净去皮去籽，切成均等块，蒸熟。

② 锅中放入意面，滴两滴橄榄油煮熟后沥干。

③ 将香肠洗净切成均等小块。

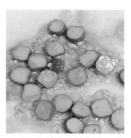

④ 锅中放入橄榄油、蒜蓉和香肠翻炒片刻。

⑤ 加入蒸熟的南瓜，煮至南瓜变软烂。

⑥ 锅中加入适量水，小火继续煮。

⑦ 当南瓜汁变浓稠后，加入盐拌匀，关火。

⑧ 将意面倒入锅中和南瓜泥拌匀，装盘撒上胡椒粉和欧芹碎即可。

 准备这些别漏掉

南瓜200克、三色意面100克、香肠2根、大蒜2瓣、橄榄油少许、水少许、盐少许、胡椒粉少许、欧芹碎少许

制作零失误

1. 最好用板栗南瓜制作这道意面，板栗南瓜口感非常香糯，比普通南瓜更美味。

2. 根据个人喜好，也可以用意粉代替意面。

3. 用中式的细面条制作这道美食，也别有一番风味。

营养满分 蔬菜鸡蛋面疙瘩

一个人的美食除了要色香味俱全，还要营养充足。传统的北方疙瘩汤，不仅风味极佳，还能给身体带来均衡的营养。

准备这些别漏掉

面粉100克

肉末80克

鸡蛋1个

西红柿1个

青椒1根

胡萝卜1/2根

香菇1个

葱花2根

水10克

盐少许

制作零失误

1. 搅拌面粉时一边拌一边加水，直到适合的稠度。

2. 面糊要一勺一勺的慢慢舀，不要一次倒入，以免粘在一起煮成硬块影响口感。

3. 出锅前滴上香油提味。

美味晚餐轻松做

① 西红柿、青椒和胡萝卜分别洗净切成均等小块。

② 肉末加胡萝卜碎、香菇碎和葱花，倒少许酱油拌匀。

③ 在适量面粉中加入鸡蛋、水和盐。

④ 将加好料的面粉拌成浓稠的浆糊状。

⑤ 将切好的蔬菜和肉末一起下锅炒熟。

⑥ 加入水大火煮开后转小火煮15分钟。

⑦ 用勺子将面糊一勺一勺的舀入锅中。

⑧ 待面糊煮熟浮起后，撒少许盐即可。

韩式风情 泡菜饺子锅

韩式泡菜汤由于酸爽浓郁的口味备受欢迎，搭配肉馅满溢的饺子，绝对是开胃下饭的最佳选择。

美味晚餐轻松做

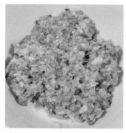

① 肉末加入葱花和切碎的香菇，加入酱油、淀粉和盐拌匀。

② 取一块饺子皮，放入拌好的肉馅少许。

③ 饺子皮的边缘蘸少许水，向中间对折捏成"工"字状。

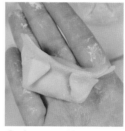

④ 在同一面的两边对折两下，捏紧即可。

⑤ 锅中水烧开后放入饺子煮至浮起熟透。

⑥ 将煮好的饺子捞出沥干水，放入碗中。

⑦ 锅中倒入清水，加入香菇、白菜、尖椒、辣酱和大酱煮开。

⑧ 白菜煮熟后加入饺子即可。

准备这些别漏掉

肉末 300 克、饺子皮适量、白菜 2 片、尖椒 2 根、香菇 2 个、葱花少许、韩国辣酱 2 勺、大酱 1 勺、淀粉少许、酱油少许、盐少许

制作零失误

1. 饺子煮至浮在水面上表示煮熟了。

2. 饺子的形状可根据个人习惯，原则是要做到不露馅。

3. 白菜、香菇、尖椒可事先用辣酱和大酱拌好再煮会更入味。

色美味佳 茄汁锅巴汤

茄汁锅巴汤可以是你在厌倦了米饭和面食之后的尝鲜选择。用吃零食的心态去吃一份晚餐，同时又健康美味、营养丰富。

准备这些别漏掉

米饭1碗
西红柿1个
鸡蛋1个
油适量
胡椒粉少许
盐少许
水适量

制作零失误

1. 往米饭中撒盐和胡椒粉的时候不能胡乱翻拌，要均匀撒开。

2. 锅巴的厚度要小于1厘米。

3. 烘烤放于烤箱中层小火烘干稍变色即可。

美味晚餐轻松做

① 将适量黑胡椒和盐均匀撒入米饭中。

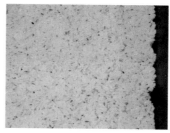
② 将米饭平而薄的铺于烤盘底部。

③ 放入烤箱中100℃烘干30分钟。

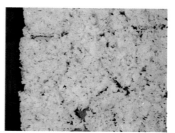
④ 将烘干成锅巴的米饭捣成均等的小块。

⑤ 将小块的锅巴放入油锅中稍微炸至浅金色。

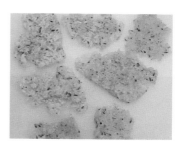
⑥ 将炸好的锅巴捞出沥干油，凉凉。

⑦ 西红柿用清水洗净切成片状。

⑧ 在锅中打入鸡蛋加适量水和西红柿一起煮成汤汁。

清甜诱人 牛油果意面沙拉

炎热的夏天如果没有胃口，将水果引入烹饪中不失是一个好选择。这道牛油果意面沙拉，既有沙拉的清爽，又有意面作为主食，让你享受沙拉的同时也能果腹。

美味晚餐轻松做

① 将意面放入锅中煮开至熟。

② 将煮熟的意面捞出，沥干水分放凉待用。

③ 将培根和虾仁煎熟。

④ 煮熟的鸡蛋剥去外壳后切成小块。

⑤ 洗净去核的牛油果切成小块状。

⑥ 将意面、培根、虾仁、鸡蛋和牛油果拌匀装入碟子中。

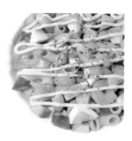
⑦ 挤上蛋黄酱，撒少许胡椒粉和欧芹碎。

⑧ 最后盛盘，上面喷少许柠檬汁即可。

准备这些别漏掉

意面80克、培根1片、虾仁适量、鸡蛋1个、牛油果1/2个、蛋黄酱适量、胡椒粉少许、欧芹碎少许、柠檬汁少许

制作零失误

1. 小水管通心面煮8分钟左右为宜。
2. 虾仁和培根沸点不一样，要分开煮熟后再混合。
3. 柠檬汁可防止牛油果氧化，还可以调味。

爱上家里饭

Chapter 3

两人浪漫餐

甜蜜生活有好味

两个人的约会不一定要到西餐厅才有浪漫氛围，

只要用心准备食材，好好做晚餐，

幸福浪漫的时光也能在家轻松度过，

为爱做晚餐，

健康也能尝到浪漫滋味。

开胃营养套餐

非常适合小俩口的套餐，排骨可以补充营养和能量，口味较重的麻婆豆腐负责提升晚餐的味觉，而清淡的金针菇胡萝卜汤，则负责平复一下躁动的味蕾。

豆豉土豆蒸排骨

美味晚餐轻松做

① 先将豆豉用清水泡3分钟左右。

② 辣椒洗净切段，姜和蒜切成片状。

③ 豆豉滤干放入碗中，加入除了排骨、土豆外的材料拌匀。

④ 排骨用清水冲洗干净，并切成3厘米的小段。

⑤ 将排骨放入调好的酱汁中腌制1小时。

⑥ 土豆去皮切块后，用水冲掉表面的淀粉。

⑦ 将土豆铺在碟子底下，倒入排骨和酱汁。

⑧ 摆盘后，放蒸锅中火蒸25分钟即可。

准备这些别漏掉

排骨250克、土豆1个、豆豉5克、辣椒2根、姜2片、蒜1瓣、酱油3勺、耗油1勺、料酒少许、白砂糖少许、淀粉少许

制作零失误

1. 蒜、姜以及豆豉可以先用油锅炒香，更有滋有味。

2. 蒸锅底部放水要适量，水太多会沸腾溅入盘中破坏口感。

3. 土豆也可以换成芋头，与排骨一起搭配。

麻婆豆腐

麻辣鲜香的麻婆豆腐光是色泽就让人垂涎欲滴，有了这道配菜，再也没有吃不下米饭的状况出现！

准备这些别漏掉

豆腐 1 块、肉末 100 克、辣椒 4 根、花椒少许、姜 5 片、蒜片 5 片、水淀粉 15 克、水适量、盐少许

开胃配菜轻松做

① 花椒、姜片、蒜片和辣椒放入锅中翻炒片刻。

② 加入肉末炒熟后，加入豆瓣酱并搅拌均匀。

③ 往锅里倒入适量清水，并大火煮开。

④ 加入切好的豆腐块再煮10 分钟，最后倒入水淀粉拌匀即可。

金针菇胡萝卜汤

清淡的素汤能够清理你的肠胃，金针菇与胡萝卜有着丰富的营养元素，不用太复杂的调味料就能轻松煮出清甜滋味。

准备这些别漏掉

金针菇 1 把、胡萝卜 1/2 根、水适量、盐少许

美味配汤轻松做

① 将金针菇去掉根部，用清水洗净。　② 胡萝卜用清水洗净，并切成丝状。　③ 锅中烧开水后放入金针菇和胡萝卜煮 10 分钟。　④ 准备出锅之前加入盐，搅拌均匀即可。

酸甜爽口套餐

糖醋排骨一直是经典中的经典，正如小俩口的感情，有酸有甜。肉末四季豆和西湖牛肉羹都是平淡中透露出小小惊喜的美味，一如平淡的爱情反而更持久。

糖醋排骨

美味晚餐轻松做

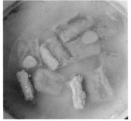

① 锅中加入姜片，放入排骨，煮至出浮沫。

② 将排骨在沸水中煮熟后，捞出沥干水分。

③ 锅中倒少许油，将排骨倒入锅中，翻炒至排骨变焦黄色。

④ 小碗中倒入料酒、白醋、白砂糖、酱油和水拌匀。

⑤ 将调好的酱料倒入锅中，焖煮片刻。

⑥ 大火收汁后倒入水淀粉。

⑦ 大火转成小火，并将排骨均匀炒熟。

⑧ 出锅前撒上芝麻和葱花即可。

准备这些别漏掉

排骨 1 根、姜 2 片、料酒 1 勺、白醋 2 勺、
白砂糖 3 勺、酱油 4 勺、水 5 勺、水淀粉 10 克、
芝麻少许、葱花少许

制作零失误

1. 调酱料时最好用同一个勺子，分量的比例才准确。
2. 砍排骨的时候最好能一刀一段，防止多刀产生碎骨头。

肉末四季豆

四季豆这种食材不易煮过头，比较好料理，制作成功率很高。肉末四季豆除了口感鲜美之外，还非常下饭，大人小孩都喜欢。

准备这些别漏掉

肉末 100 克、四季豆适量、干辣椒 5 根、酱油少许

开胃配菜轻松做

① 四季豆洗净后切成小段，用水焯熟后滤干。

② 锅中倒入少许油，将切成小段的干辣椒翻炒爆香。

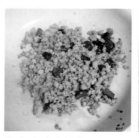

③ 加入肉末炒熟后加少许酱油调味。

④ 最后加入四季豆翻炒均匀即可。

配汤

西湖牛肉羹

西湖牛肉羹光是名字就充满诗意，这道美味兼具了汤和稀饭两种口感，暖胃养生，老少咸宜。

准备这些别漏掉

豆腐 1 块、香菇 2 个、牛肉末 50 克、盐少许、水淀粉 10 克、葱花少许、香菜少许

美味配汤轻松做

① 豆腐切成均等小块，香菇切碎。

② 锅中加入水，煮开后倒入牛肉末煮熟。

③ 将豆腐块和香菇碎倒入锅中，煮 5 分钟。

④ 加入水淀粉和盐拌匀，撒葱花和香菜即可。

幸福滋味套餐

水果入菜往往能给人焕然一新的感觉，香橙排骨既有水果的清新又有肉的香甜。肉末番茄豆腐和车螺芥菜粥都属于口味清淡又营养丰富的美味。这样的搭配，是喜欢清新口味美食的情侣的最佳选择。

 ## 香橙排骨

美味晚餐轻松做

① 用新鲜橙子榨出半杯橙汁待用。

② 将洗净切好的排骨先焯去血水。

③ 干净新鲜的橙皮切成丝。

④ 酱油加橙汁和橙皮丝拌匀调成酱汁。

⑤ 排骨加姜葱，炸至金黄色。

⑥ 滤出油和姜葱，倒入酱汁用大火煮。

⑦ 煮开后再转小火炖15分钟。

⑧ 最后大火收汁即可。

准备这些别漏掉

橙子2个、排骨1根、姜2片、大葱少许、酱油适量

制作零失误

1. 橙皮不要用到白色部分，会有苦涩味。
2. 沸水焯除排骨的血水有助于再次翻炒时保持肉质鲜嫩。
3. 葱姜煎炸后味道已融入排骨中，大可放心滤掉。

肉末番茄豆腐

鲜亮的色泽和番茄微酸的口味让人胃口大开，配上嫩滑的豆腐，绝对是开胃下饭的好菜。

准备这些别漏掉
肉末 50 克、西红柿 1 个、豆腐 1 块、葱花少许、盐少许

开胃配菜轻松做

 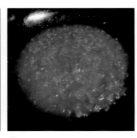  

① 肉末放入锅中炒熟，加酱油拌匀后出锅待用。　② 西红柿切碎，加少许水煮至出汁。　③ 在西红柿汁中加入豆腐块，煮 10 分钟。　④ 加入肉末和葱花，撒少许盐即可。

车螺芥菜粥

口味清淡并且还能下火除燥的粥品与晚餐搭配堪称绝妙，滋润肠道的同时还不用担心会上火。

准备这些别漏掉

车螺适量、大米 50 克、芥菜 1 把、盐少许、胡椒粉少许、香油少许

美味配粥轻松做

  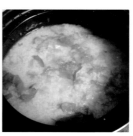 

① 大米用清水淘洗干净后加水煮成粥。

② 车螺事先用盐水浸泡半小时。

③ 芥菜洗净切碎在煮开后加入粥里。

④ 放入车螺煮至开口后撒盐、胡椒粉和香油拌匀。

滋补美味套餐

适时进补是中国传统饮食文化的精髓之一。猪肝清肝明目，炖鸡滋补营养，西兰花适当补充维生素。享受美味的同时也给身体最到位的营养。

油淋猪肝

美味晚餐轻松做

① 猪肝切片后，用清水泡10分钟后滤干。

② 加入酱油和料酒拌匀。

③ 放入姜片腌制20分钟。

④ 将腌制好的猪肝倒入锅中煮熟。

⑤ 用滤网滤干水分。

⑥ 将煮熟的猪肝放入碟子中加入酱油。

⑦ 加入切段的红辣椒。

⑧ 用油将蒜蓉煎至微黄，再将热油淋在猪肝上，撒些葱花即可。

准备这些别漏掉

猪肝300克、姜2片、红辣椒2根、大蒜2瓣、葱花少许、酱油少许、料酒少许

制作零失误

1. 猪肝一定要煮熟，可把猪肝切薄一些或者煮久一些。

2. 热油时用小火，不然蒜蓉容易变焦。

3. 如果不喜欢生葱花，可以在最后一步先撒葱花后倒油。

配菜

白灼西兰花

清新的颜色使人心情舒展，带来丰富营养的同时，还不用颇费功夫，只需简单的几步就能烹饪出健康与美味。

准备这些别漏掉
西兰花 1 朵、大蒜 2 瓣、盐少许、油少许

开胃配菜轻松做

① 西兰花用清水泡半小时后切小朵。

② 将西兰花放入锅中，焯熟后滤干。

③ 倒入少许油，将大蒜捣成蒜蓉入锅炒至微黄。

④ 放入西兰花翻炒片刻后加盐即可。

杏鲍菇鸡汤

只要把食材洗净放于砂锅中小火慢炖，就能做出滋补靓汤，熬制鸡汤之余还能做出一桌丰盛营养的晚餐，当然一举两得。

准备这些别漏掉

鸡肉500克、杏鲍菇2根、香菇5个、枸杞2颗、黄芪少许、党参少许、盐少许

美味配汤轻松做

① 将鸡肉、枸杞、黄芪和党参倒入砂锅中，加水小火炖30分钟。

② 杏鲍菇和香菇分别洗净切片。

③ 加入杏鲍菇和香菇片，盖上盖子继续炖煮30分钟。

④ 最后撒入盐即可。

爽口爽心套餐

酸辣口味比较适合年轻人追求刺激的味蕾，酸汤肥牛负责挑逗舌尖，紫苏炒花蛤让晚餐更有亮点，而卷心菜在调剂口味的同时补充丰富维生素。

酸汤肥牛

美味晚餐轻松做

① 姜和大蒜切片，青椒和红椒切小段。

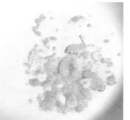

② 将姜片、蒜片和黄灯笼辣椒酱放入锅中爆香。

③ 将食材倒入水中煮开后转小火。

④ 另用一个锅放入肥牛焯水后沥干。

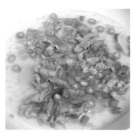

⑤ 将肥牛放入辣椒汤中，加入青红辣椒、盐、白砂糖、料酒和醋。

⑥ 莴笋去皮后洗净切成丝。

⑦ 将莴笋丝焯熟后，放入碗中。

⑧ 最后将肥牛汤倒入碗中即可。

准备这些别漏掉

肥牛250克、莴笋1根、青辣椒2根、红辣椒2根、姜2片、大蒜1瓣、盐少许、白砂糖少许、料酒少许、醋少许、黄灯笼辣椒酱2勺

制作零失误

1. 黄灯笼辣椒酱比较辣，放的分量按个人口味增减。
2. 肥牛要焯水去掉浮沫。
3. 莴笋切成丝比切成片更入味。

紫苏炒花蛤

紫苏将花蛤的腥味很好地掩盖掉，并提高了花蛤的鲜美度，用蚝油代替了酱油与盐，更能使花蛤肉变得甜美可口。

准备这些别漏掉
花蛤 500 克、紫苏叶 10 片、姜 2 片、干辣椒 2 根、大蒜 1 瓣、油少许、蚝油适量

开胃配菜轻松做

① 事先将花蛤用盐水泡 30 分钟。

② 紫苏叶洗净撕碎，姜切片，干辣椒切段，大蒜切碎。

③ 锅中倒少许油，将姜片、干辣椒和蒜蓉爆香后倒入花蛤大火翻炒。

④ 炒至花蛤的壳都打开后加入紫苏，倒入耗油继续翻炒片刻即可。

味噌卷心菜

这款清淡的炒卷心菜，清甜爽口，和主菜搭配起来还能为身体提供蔬菜纤维和维生素，既简单又好吃，单独配饭吃也很美味。

准备这些别漏掉
卷心菜400克、味噌酱少许、木鱼花适量

美味配菜轻松做

① 味噌酱加入味淋拌匀。

② 卷心菜洗净撕碎后放入锅中翻炒。

③ 炒至卷心菜变软后加入调好的味噌酱继续翻炒。

④ 出锅后撒些木鱼花即可。

清爽怡人套餐

每天在外面吃很多油腻的东西，是时候给肠胃一点清淡的饮食了。这款套餐一定能满足肠胃的需求，清爽不油腻，让晚餐没有负担。

剁椒金针菇

美味晚餐轻松做

① 金针菇洗净去掉根部。

② 红辣椒洗净后切成小段。

③ 将红辣椒铺在摆好的金针菇上。

④ 将食材整理好后放入锅中蒸 10 分钟。

⑤ 将碟子拿出，水滤掉后，倒少许酱油。

⑥ 将葱花和香菜切碎。

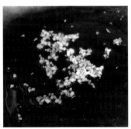

⑦ 锅中油烧热，放入蒜蓉炒至微黄。

⑧ 将油和蒜蓉淋在金针菇上，撒葱花香菜即可。

准备这些别漏掉

金针菇 1 把、红辣椒 2 根、葱花 2 根、香菜 2 根、油少许、酱油少许、蒜蓉适量

制作零失误

1. 切辣椒时可戴上手套防止手被辣椒灼伤。
2. 蒸好后的金针菇一定要滤掉盘中的水分以免影响口感。
3. 油要烧热至冒烟，淋到金针菇上才香。

胡萝卜丝炒牛肉

胡萝卜的颜色牢牢抓住人的眼球，味道与牛肉相互融合，使人胃口大增，做法简单且菜式营养，是一道令人开心的下饭菜。

准备这些别漏掉

牛肉300克、胡萝卜1根、耗油1勺、淀粉少许、白砂糖少许、油少许、水2勺

开胃配菜轻松做

① 牛肉加油、水、白砂糖、耗油和淀粉拌匀后放入姜片腌制20分钟。

② 将胡萝卜洗净，切成稍细的丝。

③ 锅中加少许油，放入胡萝卜丝炒熟。

④ 倒入腌制好的牛肉，大火翻炒片刻即可。

香芋排骨汤

排骨能带来丰富的钙质，芋头里包含着多种矿物质，二者搭配起来不仅口味极佳，还醇香营养，入口即化，是一场美妙的味觉享受。

准备这些别漏掉

芋头 1/2 个、排骨 1 根、姜 2 片、葱少许、盐少许

美味配汤轻松做

① 将排骨切成段放入锅中煮开，去掉腥味和血水。

② 将排骨和姜片倒入锅中炖 30 分钟。

③ 加入切块的芋头继续炖 20 分钟。

④ 盛盘前撒入适量的盐和香葱即可。

独门秘制套餐

主菜　配菜　配汤

这是一款少油健康的菜品，田鸡不仅能清热解毒，还能益胃补虚，在夏天享用最合适不过了。看似复杂的菜式做起却是非常简单，只要动动手指就能做出饭店里的美味。

 ## 剁椒田鸡

主菜

美味晚餐轻松做

① 姜用清水洗净去皮切成片。

② 田鸡去内脏洗净后，切成块。

③ 将姜片放入田鸡中，加入酱油、料酒和盐。

④ 将整理好的食材覆上保鲜膜，放进冰箱腌制一晚。

⑤ 撕掉保鲜膜，铺上剁椒。

⑥ 姜切成丝，大蒜切碎。

⑦ 姜丝和蒜蓉铺在田鸡上。

⑧ 放入锅里中火蒸 20 分钟即可。

准备这些别漏掉

田鸡 2 只、姜 1 块、酱油 1 勺、料酒 2 勺、盐少许、剁椒适量、大蒜 1 瓣

制作零失误

1. 田鸡要除去头部、内脏、四爪、洗净外皮，腌制后才能烹饪。

2. 剁椒要根据个人口味适量放。

3. 清蒸能够保证田鸡的清甜度，注意时间不要太久以免肉质变老。

醋溜土豆丝

一款饭桌上常见的百搭开胃菜，也是制作简单又快速的家常菜，非常适合下饭，在烹饪前将土豆丝用清水泡过，除去一定的淀粉后更爽脆可口。

准备这些别漏掉

胡萝卜1根、土豆1个、大蒜2瓣、姜2片、干辣椒少许、白醋少许、盐少许、油少许

开胃配菜轻松做

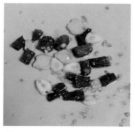

① 胡萝卜和土豆洗净，均等切丝。

② 锅中倒入油，放少许花椒炸香后捞出。

③ 倒入干辣椒、蒜片和姜片炒香。

④ 加入胡萝卜丝和土豆丝，炒熟后倒少许白醋，撒上盐拌匀。

排骨木瓜汤

木瓜营养价值丰富还能美容养颜，深受女性喜爱，香气浓郁，用来炖排骨使肉质嫩滑，不仅做法简单，微甜味美更是让人回味无穷。

准备这些别漏掉

排骨 1 根、青木瓜 1 个、盐少许

美味配汤轻松做

 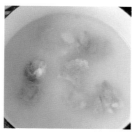  

① 将排骨焯去血水后沥干水分。

② 将排骨放入炖锅中，中火炖 1 小时。

③ 青木瓜去皮去籽洗净后切成条状。

④ 放入锅中大火煮至汤变白，后转小火煮 20 分钟，撒上盐即可。

古早家常套餐

吃惯了大鱼大肉，简简单单来道家常小菜也是不错的选择。选用常见的食材，不需要昂贵，也不需要大费周章，一样满足您和亲人的味蕾。

泡椒鸡胗

美味晚餐轻松做

① 将鸡胗放入锅中煮至变色后捞出。

② 鸡胗切厚片，后横竖刀切出花纹。

③ 倒入酱油和料酒腌制10分钟。

④ 泡椒和酸辣椒切成段。

⑤ 油锅中放入姜片和蒜片炒出香味。

⑥ 倒入泡椒和酸辣椒翻炒片刻。

⑦ 再加入切好的鸡胗翻炒至熟。

⑧ 最后撒少许盐和白砂糖调味即可。

准备这些别漏掉

鸡胗3个、泡椒2根、酸辣椒2根、姜3片、蒜片3片、酱油2勺、料酒1勺、盐少许、白砂糖少许

制作零失误

1. 煮过的鸡胗能更好地切出花纹。

2. 腌制时放有酱油，炒熟后可先尝过咸淡再放盐。

3. 加入少量白砂糖能提升鲜甜度还能使肉质变嫩。

豆渣肉饼

豆渣扔掉会很可惜，不如用来和肉末拌成荤菜，只需要简单的蒸煮，就能烹制出味道香甜，口感鲜嫩的肉饼，既营养又健康。

准备这些别漏掉

肉末 300 克、豆渣 50 克、香菇 1 个、枸杞 3 颗、酱油少许、淀粉少许

开胃配菜轻松做

① 将香菇切碎，加入到肉末中。

② 在肉末中放入豆渣。

③ 加入酱油和淀粉充分搅拌均匀。

④ 放入几颗枸杞，置于蒸锅中，蒸 15 分钟。

上汤白菜

不需要特别讲究，简单的手法就能轻松烹饪出清淡鲜美、滋润营养、清香宜人的餐馆中的美食，在春夏之际常喝此汤还有清热去火、通肠利便的功效。

准备这些别漏掉

白菜1颗、皮蛋1个、咸蛋1个、枸杞适量、盐少许、水适量

美味配汤轻松做

① 将白菜洗净后切成段。

② 皮蛋和咸蛋去壳，切成小块。

③ 锅中放少许油，倒入白菜翻炒片刻后，加入适量水。

④ 煮熟后加入皮蛋、咸蛋、枸杞和盐即可。

美颜补血套餐

猪脚无疑是小俩口都喜爱的食材，男生喜欢的大口吃肉、女生热爱的胶原蛋白，猪脚都兼具了。清淡的丝瓜蒸粉丝自然可以调节猪脚的油腻，而菠菜猪肝汤无疑是最好的中和剂。

泡椒酸辣猪脚

美味晚餐轻松做

① 猪脚洗净处理过后切块焯去血水。

② 将猪脚在沸水中焯过后用筛网滤出。

③ 将煮好的猪脚再用清水冲洗一遍。

④ 将猪脚放入高压锅，加入白砂糖、酱油和料酒。

⑤ 倒入切碎的西红柿和番茄酱。

⑥ 将黄、红泡椒放进锅里，倒一些泡椒水。

⑦ 加少许水，将全部食材拌匀。

⑧ 高压锅煮 30 分钟后，撒少许盐即可。

准备这些别漏掉

猪脚 500 克、西红柿 1 个、番茄酱 1 勺、
泡椒适量、酱油 3 勺、白砂糖少许、
料酒 1 勺、水 2 勺、盐少许

制作零失误

1. 将猪脚焯水过冷水是为了去掉脏污、血水和腥味。
2. 放番茄酱可使煮出的猪脚色泽更好看。
3. 根据个人对猪脚口感软硬的喜好来控制高压煮的时间。

蒜蓉丝瓜蒸粉丝

粉丝筋道爽滑，丝瓜热量低，最适合夏天享用，烹饪起来也非常简单，适合上班族，忙碌的工作之余只需要简单几步就能快速做出可口的美食。

准备这些别漏掉
丝瓜 1 根、粉丝 1 把、大蒜 1 瓣、红辣椒 2 根、油少许、酱油少许

开胃配菜轻松做

① 将丝瓜削皮洗净后切成均等的小段。

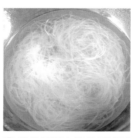

② 粉丝用温水泡软后滤干水分。

③ 将粉丝摆入盘中，摆上丝瓜，入锅中火蒸 15 分钟。

④ 出锅后淋酱油，锅中倒少许油，放入蒜蓉和辣椒煮热后淋在粉丝上。

菠菜猪肝汤

猪肝和菠菜中含有人体所需的丰富微量元素，其中的铁和维生素 A 对补血很有帮助，搭配起来不仅味美香甜，还是补铁补血的营养靓汤。

准备这些别漏掉
猪肝 200 克、菠菜 500 克、姜 2 片、枸杞 5 颗、盐少许

美味配汤轻松做

① 猪肝洗净切片后用清水泡 20 分钟。

② 滤干后加入酱油、料酒和姜片腌制 10 分钟。

③ 菠菜去根部洗净，然后放入锅中煮。

④ 加入猪肝和枸杞煮熟后撒盐即可。

健康清淡套餐

肉丸的鲜香加上粉丝的润滑，汤鲜味美，口感极佳。木耳藕片健康养生，口感清淡宜人。青椒炒肉则负责打破另外两道菜的平淡。

肉丸粉丝汤

美 味 晚 餐 轻 松 做

① 肉末加入葱花和香菇碎，倒入酱油、盐和少许淀粉拌匀。

② 在肉末中加入豆渣搅拌均匀。

③ 取相同大小的肉末揉成肉丸。

④ 将肉丸放入锅中煮熟。

⑤ 加入切好的香菇片。

⑥ 放入洗净的白菜叶。

⑦ 加入粉丝煮5分钟。

⑧ 最后出锅，撒上葱花和盐即可。

准 备 这 些 别 漏 掉

鸡肉500克、香菇适量、红枣2颗、枸杞少许、姜1块、盐少许

制 作 零 失 误

1. 煮丸子时要轻轻搅动，用力会使丸子松散开。
2. 粉丝要煮至没有白心。
3. 易熟的白菜和粉丝放在最后煮。

配菜 青椒炒肉

用这款菜品来当开胃菜最好不过了，青椒的维生素A和维生素C对于缓解工作生活压力有很好的效果，不仅简单味美，且营养丰富全面。

准备这些别漏掉
五花肉300克、尖椒2根、姜2片、酱油少许

开胃配菜轻松做

① 将尖椒洗净后切成均等小段。

② 五花肉和姜片放入锅中翻炒至熟。

③ 加入尖椒一起翻炒。

④ 加入少许酱油大火炒2分钟即可。

木耳藕片

莲藕性味甘甜，生吃能清热，煮熟可补脾胃，营养丰富适合全家人食用，搭配木耳，脆爽口感更为明显，是非常受欢迎的一道佳肴。

准备这些别漏掉

莲藕1个、木耳适量、酱油少许

美味配菜轻松做

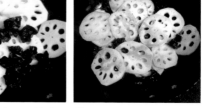

① 莲藕用清水洗净泥沙后去皮切成片。

② 木耳事先用温水泡发。

③ 锅中放入木耳和藕片翻炒至熟。

④ 加入酱油拌匀即可。

清热减肥套餐

既想减肥又不舍肉味，双椒炒鸭胗是最佳选择。苦瓜炒蛋和冬瓜虾仁汤在抚慰你的美食之心的同时，绝对不会影响你的减肥大计。

双椒炒鸭胗

美味晚餐轻松做

① 将鸭胗洗净后切成小片待用。

② 撒少许胡椒粉、酱油和料酒。

③ 放入切好的姜片腌制20分钟。

④ 干辣椒切成小段备用。

⑤ 青椒洗净切成条状。

⑥ 姜片和干辣椒放入油锅中爆出香味。

⑦ 倒入鸭胗均匀炒熟。

⑧ 最后放入青椒翻炒片刻即可。

 准备这些别漏掉

鸭胗2个、青椒2个、干辣椒4只、姜2片、胡椒粉少许、酱油少许、料酒少许

制作零失误

1.料酒放多一些可去掉鸭胗的腥味。

2.油温在七八成热冒轻烟时放入作料爆香，注意火候，不要爆焦。

3.为了保持青椒的鲜度和口感所以最后放入。

苦瓜炒蛋

苦瓜是百搭的好蔬菜，清淡下火又营养，用水焯烫过后能去掉苦味和涩味，保留本色清香。用来和鸡蛋搭配烹饪不仅颜色好看，还是一款简单上手，操作零失败的好菜肴。

准备这些别漏掉
苦瓜 1 根、鸡蛋 2 个、水少许、盐少许

开胃配菜轻松做

① 苦瓜洗净横切两半，去掉瓤，切成薄片。

② 鸡蛋加入少许水和盐后均匀打散。

③ 锅中放少许油，倒入蛋液，小火待蛋液稍凝固后翻炒至鸡蛋变熟。

④ 倒入苦瓜翻炒片刻，撒少许盐即可。

配汤

冬瓜虾仁汤

简单易做的清爽鲜香汤品，不仅汤甜味美，对于减肥还有很好的效果。作为家中常煮的靓汤，老少皆宜，四季都可食用。

准备这些别漏掉
冬瓜 200 克、虾仁 5 个、葱 2 根、水 500 克、盐少许

美味配汤轻松做

① 冬瓜洗净去皮后切成均等小片。

② 锅中倒少许油，放入冬瓜片翻炒至冬瓜变透明。

③ 倒水后放入虾仁煮开。

④ 加盐和葱花即可。

食欲满分套餐

鸡翅是一张"保险牌",男女老少都喜欢吃。白萝卜炒牛肉和紫菜虾仁豆腐汤都偏清淡,正好足够平衡盐焗鸡翅的咸味。

盐焗鸡翅

美味晚餐轻松做

① 鸡翅洗净后将上面多余的水分擦干。

② 撒入盐焗鸡粉抹匀腌制半小时。

③ 姜去皮切片,大葱洗净切段。

④ 将姜葱放入鸡翅里一起腌制。

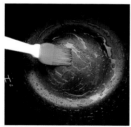

⑤ 在电饭锅内壁刷上一层薄薄的油。

⑥ 将姜片和葱段铺在电饭锅底部。

⑦ 再将鸡翅平整地摆放在上面。

⑧ 最后按下煮饭键即可。

准备这些别漏掉

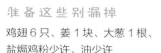

鸡翅6只、姜1块、大葱1根、盐焗鸡粉少许、油少许

制作零失误

1. 鸡翅在腌制的时候已经充分吸收了粉料,大可不必在翅身上切口。

2. 大葱和姜片尽量切成切面较大的片状,方便铺垫和味道的释出。

3. 用电饭锅正常的煮饭时间烹制便可。

白萝卜条炒牛肉

冬吃萝卜夏吃姜，用白萝卜来炒牛肉能保持肉质的原汁原味，以及爽滑的口感，用于晚餐中甚是开胃下饭且营养全面。

准备这些别漏掉

牛肉 300 克、白萝卜 1/2 根、干辣椒 2 根、姜 2 片、酱油少许、耗油少许、白砂糖少许、料酒少许

开胃配菜轻松做

① 牛肉加入酱油、耗油、白砂糖、料酒和姜片拌匀腌制半小时。

② 白萝卜洗净切条，撒少许盐腌制半小时。

③ 锅中倒入油，大火翻炒牛肉和干辣椒。

④ 加入白萝卜条，继续翻炒至萝卜变软。

紫菜虾仁豆腐汤

鲜香和滑嫩的口感是这道汤品的特色，紫菜不用过多，就能做出海鲜大餐的味道，不仅热量低，还非常的营养，是爱美女性的首选靓汤。

准备这些别漏掉
豆腐 1 块、虾仁适量、紫菜适量、葱花少许、盐少许、水适量

美味配汤轻松做

① 豆腐洗净，切成小块状。

② 将豆腐块放入锅中，加入适量的水中火煮开。

③ 豆腐快熟时加入虾仁。

④ 最后放入紫菜和葱花，撒盐即可。

快手养生套餐

南瓜芋头煲的食材都是健康养生佳品，双椒煎排骨负责提味和补充能量，香芋肉末饭巧妙的让饭和菜一同出锅，在享受饭菜香味互相渗透的美味的同时，还节省了一道菜的制作时间。

南瓜芋头煲

美 味 晚 餐 轻 松 做

① 芋头削皮后洗净切成小块。

② 南瓜去掉籽，削皮洗净切成块。

③ 西兰花洗净，切成小朵。

④ 芋头下油锅翻炒片刻至半熟。

⑤ 加入南瓜和水，中火煮15分钟。

⑥ 煮至南瓜稍变软后加入西兰花。

⑦ 西兰花煮熟后倒入椰汁。

⑧ 最后加盐轻轻搅拌均匀即可。

准备这些别漏掉

南瓜 1/2 个、芋头 1/2 个、西兰花 1 个、椰汁 100 克、水 300 克、盐少许

制作零失误

1. 用油翻炒芋头会让芋头更香。
2. 没有椰浆也可用牛奶代替。
3. 西兰花在烹调前要用水泡 30 分钟去脏污。

双椒煎排骨

煎炸过的排骨呈金黄色非常诱人，香脆爽口，多煮一会能使排骨的肉质更嫩。配青椒颜色非常好看，当然也可以搭配个人喜欢的蔬菜，炒出创意菜肴。

准备这些别漏掉

排骨 300 克、干辣椒 3 个、青椒 2 个、酱油适量、白砂糖少许、盐少许、料酒少许

开胃配菜轻松做

① 排骨洗净切段后放入锅中煮熟，捞出沥干。

② 加入酱油、白砂糖、盐和料酒腌制半小时。

③ 锅中倒少许油，中火煎制排骨两面金黄。

④ 放入干辣椒和青椒翻炒片刻即可。

香芋肉末饭

杂粮芋头有许多的营养，加上肉末和香菇，能让米饭变得不再单调。当然也可以用来与面条一起煮成香芋肉末面，同样美味。

准备这些别漏掉

芋头 1/2 个、肉末 50 克、香菇 2 个、大米 1 杯、水适量、酱油 2 勺

美味配饭轻松做

① 将鲜香菇洗净后切成片。

② 芋头削皮洗净后，切成小块。

③ 洗好米后放入香菇和芋头块，加入水。

④ 放入肉末和酱油拌匀后按煮饭键即可。

爱上家里饭

Chapter 4

家庭幸福餐

营养的幸福滋味

小家庭因为有了宝宝，所以晚餐需要更均衡的营养。

贴心为你搭配家庭晚餐食谱，

就算是忙碌的上班族，

也能轻松准备一桌丰盛可口的晚餐，

为了全家人的营养健康，

做几道营养美味吧！

茶香四溢套餐

特别的做法特别的香气，让排骨的鲜嫩肉质带上茶叶的清香，美妙特别的滋味，配方简易，非常值得烹制家常美味。

 茶香排骨

美味晚餐轻松做

① 用开水将绿茶冲泡开。

② 排骨洗净切段，加入姜片放入锅中焯去血水。

③ 捞出排骨沥干水分。

④ 锅中倒入滤出的茶水、酱油和盐，放入排骨。

⑤ 倒入泡好的一半茶叶，大火煮开后转小火炖煮 30 分钟。

⑥ 煮至排骨软嫩后，大火收汁。

⑦ 将另一半茶叶滤干。

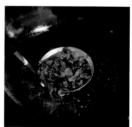

⑧ 放入油锅中炸酥脆后撒少许盐，铺在排骨上。

准备这些别漏掉

排骨 1 根、绿茶适量、姜 2 片、酱油少许、盐适量

制作零失误

1. 也可以用红茶来代替绿茶。

2. 酱油主要的作用是调色，放多会盖过茶香味。

3. 为了保证茶香的浓郁，不要放任何茴香之类的香料和辣椒。

（配菜）茄汁炸蛋

这是一种非常好吃的鸡蛋做法，色泽艳丽诱人，味道酸甜可口，非常的开胃，是钟爱酸甜口味的你所不容错过的佳肴。

┌ 准 备 这 些 别 漏 掉
鸡蛋 2 个
番茄 1 个
葱花少许
盐少许

············· 开 胃 配 菜 轻 松 做 ·············

① 油锅热油至七成热后打入一个鸡蛋。

② 待鸡蛋炸至表面起泡，边缘金黄色后翻面继续炸 2 分钟。

③ 捞出放在吸油纸上吸掉多余油分。

④ 番茄切碎入锅，炒成番茄汁，加入盐后淋在炸蛋上，撒上葱花。

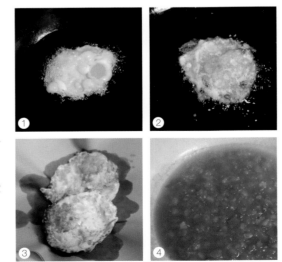

豆腐双菇汤

非常适合清除晚饭油腻的素汤，鲜嫩的蘑菇和爽滑的豆腐，深受老人和小朋友的欢迎，这道汤热量低并富含维生素，是减肥瘦身女性最适合的食物。

准备这些别漏掉

豆腐 1 块
口菇 5 个
香菇 5 个
葱花少许
盐少许

美味配汤轻松做

① 口菇和香菇用清水洗净切成片。

② 锅中水烧开后放入口菇和香菇煮开。

③ 豆腐切成块倒入锅里，中火煮 15 分钟。

④ 最后撒上盐和葱花即可。

妙趣荷香套餐

主菜　配菜　配汤

古朴的用荷叶包覆的烹饪方式保证了排骨的原汁原味，将荷叶的清香煮至肉和糯米中，保留了荷叶香气的同时还能去火除燥，解油解腻。

荷叶蒸排骨

美味晚餐轻松做

① 在制作前将糯米用清水泡一夜。

② 排骨加入酱油、料酒和姜片腌制一晚。

③ 将荷叶用清水洗净。

④ 糯米滤干后倒入排骨中，翻拌至糯米均匀粘在排骨上。

⑤ 将糯米排骨平整摆放在荷叶中。

⑥ 将荷叶包起，收口朝下放入碟里。

⑦ 放入锅中，中火蒸30分钟。

⑧ 打开后放入辣椒和葱花即可。

准备这些别漏掉

排骨1根、糯米80克、荷叶1片、
辣椒2根、姜2片、葱花少许、
酱油2勺、料酒2勺

制作零失误

1. 糯米要泡一夜，蒸时才容易熟。
2. 荷叶可按照需要剪成适合包覆排骨的大小，以方形为佳。
3. 干荷叶或新鲜荷叶都能烹制，干荷叶要用水先浸泡一晚。

🥬 瓜皮炒粉丝

简易小食做起来非常快速又轻松，瓜皮口感脆爽，粉丝还能代替米饭，以筋道和爽滑带你体会家常菜的幸福感。

┌ 准 备 这 些 别 漏 掉

瓜皮 10 克

粉丝适量

肉末 50 克

干辣椒 3 根

大蒜 1 瓣

酱油少许

·········· 开 胃 配 菜 轻 松 做 ··········

① 先将粉丝用温水泡软。

② 将瓜皮切碎，干辣椒切段，大蒜切末。

③ 锅中倒入油，放瓜皮、干辣椒、蒜蓉和肉末炒熟后加入酱油。

④ 最后放入泡好的粉丝拌匀即可。

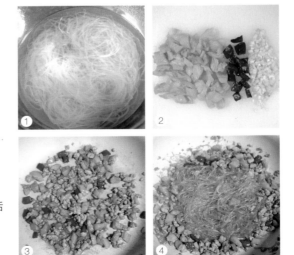

（配汤）红薯芥菜汤

下火祛热、营养健康的素汤用红薯和芥菜就能简单搭配出来，丰富的膳食纤维和多种维生素，滋润肠道的同时还能给人体补充足量的营养。

一准备这些别漏掉

红薯 1 个
芥菜 1 把
盐少许

··········美味配汤轻松做··········

① 红薯削皮用清水洗净后切成小块。

② 放入锅中煮开 10 分钟左右。

③ 将芥菜用清水洗净切碎。

④ 将芥菜放入锅中与红薯一起煮熟后，加盐即可。

大快朵颐套餐

肥而不腻，味美爽口，充分道出了这款菜式的优点，让红烧肉补充适度的热量，抵御严寒，为身体提供热量，保证能量充足。

冬笋红烧肉

美味晚餐轻松做

① 冬笋剥皮后滚刀切成小块。

② 五花肉洗净后切成大块。

③ 将五花肉放入锅里用少许油翻炒至金黄。

④ 加入香叶、姜片、蒜片、八角和桂皮继续翻炒。

⑤ 加入切成小块的冬笋。

⑥ 倒入酱油、老抽、冰糖翻炒至冰糖融化，五花肉均匀上色。

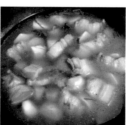

⑦ 倒入水，烧开后转小火煮 30 分钟。

⑧ 开盖后中火收汁后加入少许盐调味即可。

准备这些别漏掉

冬笋 2 个、五花肉 500 克、香叶 2 片、姜 2 片、大蒜 1 瓣、八角 2 个、桂皮 1 片、酱油少许、老抽少许、冰糖 5 颗、水适量、盐少许

制作零失误

1. 炒冰糖时不要炒过了，会变苦，待冰糖融化便可加水。
2. 将五花肉放于无油的锅中小火煸出油脂，能保证不油腻。
3. 在烹制五花肉的时候不能放盐调味，会使肉块表层变硬影响口感。

🥬配菜 腰果西芹

西芹能补气养肾，有助于大人补充营养，腰果能补充丰富的维生素，香脆的口感深受小朋友的喜欢。

准备这些别漏掉

腰果 30 克

西芹 2 根

盐少许

油少许

———— 开胃配菜轻松做 ————

① 锅中倒入适量油，加热至五成热，将腰果倒入锅中炸至金黄。

② 将腰果捞出后滤干。

③ 西芹切段后放入锅中翻炒至翠绿。

④ 加入腰果和盐翻炒均匀即可。

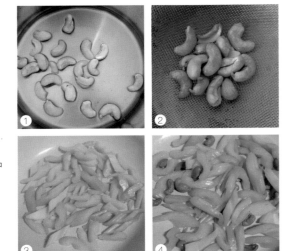

冬瓜排骨薏米汤

爱美女性瘦身的好拍档，薏米和冬瓜能利水消肿，对于去除水肿有很好的效果，减肥的同时滋养身体，美容养颜，一举两得。

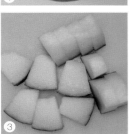
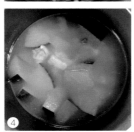

准备这些别漏掉

冬瓜 200 克
排骨 2 根
薏米 10 克
姜 2 片
盐少许

美味配汤轻松做

① 制作前先将薏米用温水泡一夜。

② 排骨焯水后放入炖锅中，加入滤干的薏米和姜片炖 2 小时。

③ 冬瓜洗净后不用去皮直接切成块。

④ 将冬瓜加入锅中继续炖半小时，最后加盐即可。

鲜香滋补套餐

粤式菜谱中最经典的美味之一，用蜂蜜烘烤更能使肉质鲜嫩入味，口感极佳。一般的吃法是蘸取酸甜的酱料，如柠檬酱、甜辣酱、番茄酱等进行搭配。

蜜汁叉烧

美味晚餐轻松做

① 五花肉涂抹上足量的叉烧酱。

② 放入切片的大葱、姜和大蒜。

③ 加入一勺蜂蜜。

④ 倒少许酱油和料酒，拌匀后腌制一晚。

⑤ 将腌制好的叉烧放在烤网上，刷一层蜂蜜。

⑥ 放入烤箱 170℃ 烤 20分钟。

⑦ 取出后翻面，再刷一层蜂蜜继续烤 20 分钟。

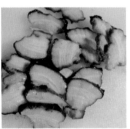

⑧ 待稍凉后切片即可。

准备这些别漏掉

五花肉 800 克、大葱 1 根、大蒜 1 瓣、姜 2 片、叉烧酱 2 勺、蜂蜜 1 勺、酱油少许、料酒 1 勺

制作零失误

1. 腌制时间久一些更容易入味和上色。
2. 蜂蜜要刷得适度均匀，薄且全面覆盖。
3. 置于烤箱中层，按照指定温度烘烤便可。

🥗 肉末茄子

配菜

受欢迎度极高的一道家常菜，烹制过的茄子更鲜香嫩美，让人忍不住要多吃几口，回味无穷，是下饭的绝佳菜肴。

准备这些别漏掉

肉末 50 克
茄子 2 根
豆瓣酱 1 勺
干辣椒 4 根
姜 2 片
盐适量

·········· 开胃配菜轻松做 ··········

① 茄子滚刀切块，撒入盐拌匀后腌制至茄子变软出水。

② 肉末加入酱油拌匀腌制 10 分钟。

③ 锅中倒入油和干辣椒、姜片炒香后加入肉末炒熟，加一勺豆瓣酱炒匀。

④ 放入茄子炒熟即可。

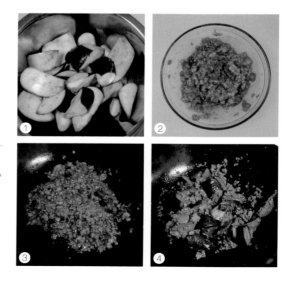

🍲 白果老鸭汤

四季的滋补汤品，鸭肉能下火祛热，在夏季炖制还能消暑解气，且不用担心补过量，是肉食主义者的首选靓汤。

准备这些别漏掉

鸭肉 800 克
白果适量
盐少许

美味配汤轻松做

① 鸭子切块洗净后放入锅中焯去血水。

② 白果去壳煮熟后滤干。

③ 将鸭子和白果放入炖锅中，加入适量水，小火炖 2 小时。

④ 最后撒盐即可。

香甜味美套餐

主菜　配菜　配汤

不仅制作简单味美馥郁，而且造型独特漂亮，特别适合装点餐桌，在节日时还能增添气氛，迎合小朋友的胃口。

粉蒸肉南瓜盅

美味晚餐轻松做

① 将五花肉洗净后切成小块。

② 加入酱油和老抽。

③ 倒入料酒，加入少许豆腐乳拌匀腌制1小时。

④ 将蒸肉粉倒入碗内。

⑤ 拌匀至蒸肉粉完全粘在肉上。

⑥ 南瓜切去头部，挖出南瓜籽。

⑦ 将肉放入南瓜中填好。

⑧ 放入锅里中火蒸20分钟即可。

准备这些别漏掉

小南瓜1个、五花肉200克、蒸肉粉适量、豆腐乳少量、酱油少许、老抽少量、料酒2勺

制作零失误

1. 蒸肉粉本身有咸度，腌制时不要放太多酱油。
2. 挑选较小且适合1~2人分量大小的南瓜。
3. 拌蒸肉粉时要适量加入水来帮助充分搅拌。

🍲 三色炒虾仁

红绿黄三色组成了这道色彩明快的海鲜美食，带来多种营养的同时还有丰富的蛋白质，对肌体和美容来说都是非常健康的食材。

准 备 这 些 别 漏 掉

胡萝卜 1/2 个
青椒 1 个
玉米 20 克
虾仁适量
盐少许

开 胃 配 菜 轻 松 做

① 胡萝卜和青椒洗净后切小块待用。

② 玉米剥成玉米粒后洗净。

③ 锅中倒少许油，放入胡萝卜、青椒和玉米粒一起翻炒。

④ 加入虾仁炒熟后撒少许盐调味即可。

🍲配汤 肉末豆芽汤

清淡的口感是这道汤的特点，豆芽的清甜爽脆和鲜汤的爽口甜美，能让正在减肥中的女性充分感受到美食的诱惑，成为美食的俘虏。

准 备 这 些 别 漏 掉

五花肉 50 克
豆芽 200 克
油豆腐适量
盐少许

美 味 配 汤 轻 松 做

① 五花肉洗净去皮后切成肉末。

② 绿豆芽用清水洗净后控干水分。

③ 锅中水烧开后放入肉末和油豆腐煮熟。

④ 最后放入豆芽和盐煮 10 分钟即可。

烧烤浓香套餐

主菜　　配菜　　配汤

土豆和牛肉是家常菜中百吃不厌的绝佳组合，烹饪这道菜可以根据喜好随心搭配蔬菜，不用多高超的技巧，只需通过烤箱简单烤制就能享受到风味极佳的美食。

 ## 土豆烤牛肉

美味晚餐轻松做

① 牛肉整块放入锅中煮 10 分钟。

② 沥干水分后，切成均匀小块。

③ 将胡萝卜和土豆洗净切成块。

④ 苹果削皮切块后泡在水中，洋葱切成条。

⑤ 姜和大蒜切成片状。

⑥ 将牛肉块、苹果和洋葱放入锅中煮 10 分钟。

⑦ 再放入胡萝卜和土豆煮 5 分钟。

⑧ 将食材沥干水后放入烤盘，加油、盐、胡椒粉和孜然拌匀，170℃ 烤 20 分钟。

准备这些别漏掉

土豆 1 个、牛肉 1 块、胡萝卜 1 根、洋葱 1/2 个、苹果 1/2 个、姜 2 片、大蒜 1 瓣、油少许、胡椒粉少许、孜然少许、盐少许

制作零失误

1. 加了苹果的烤肉味道更清香。
2. 吃辣的可以加些辣椒粉。
3. 判断土豆是否熟透，可以用金属勺子将土豆截断，如果截面中间与外围色泽一致则为熟透。

配菜 青椒炒杏鲍菇

非常简单的两种蔬菜搭配烹饪出的素菜美食，做起来轻松方便，而且美味健康，是餐桌上常见的家常菜肴之一。

准备这些别漏掉

杏鲍菇 1 根
青椒 2 根
油少许
酱油少许

·············· 开胃配菜轻松做 ··············

① 将杏鲍菇用清水洗净切成条状。

② 青椒洗净后去籽，切成小段。

③ 锅中倒入油，中火翻炒杏鲍菇和青椒。

④ 炒至杏鲍菇变软后加入酱油再炒 2 分钟即可。

配汤 玉米排骨汤

用这三种食材来熬制汤品，不仅含有多种维生素和钙质，营养全面，还有吸引眼球的丰富色彩，增进食欲，是简单上手的家常补汤。

准备这些别漏掉

排骨 1 根
玉米 1 个
胡萝卜 1 个
盐少许

美味配汤轻松做

① 排骨切段，放入锅中焯去血水后沥干。

② 玉米洗净切段，胡萝卜切块。

③ 将排骨、玉米和胡萝卜放入炖锅中。

④ 加入水，大火煮开后转小火炖 2 小时，撒盐即可。

原汁原味套餐

利用汽锅能自然调节温度的功能来烹饪食材，对于食材味道的呈现和营养的释放都是非常有益的，用来烹制鸡肉非常滋补。

 汽锅鸡

美味晚餐轻松做

① 将姬菇洗净待用。

② 将切块的鸡肉放入汽锅中，加入枸杞和红枣。

③ 再将姬菇铺在鸡块上。

④ 姜去皮、洗净，切成片状。

⑤ 将姜片放入汽锅中。

⑥ 汤锅里加入适量的水。

⑦ 将汽锅架在汤锅上，大火烧开后转小火。

⑧ 煮40分钟后撒盐调味即可。

准备这些别漏掉

鸡肉500克、姬菇适量、姜1块、
红枣2颗、枸杞少许、盐少许

制作零失误

1. 蒸时要注意汤锅中的水，不要煮干了。
2. 姜不要切成细丝，切成片能很好的去掉鸡肉的腥味。
3. 家有老人或小孩可以煮久一点，使鸡肉更嫩烂。

配菜 腐竹肉片

腐竹作为大豆制品有丰富的营养，腐竹和肉片一起烹饪出的香糯口感，是很多人记忆中妈妈的味道。

— 准备这些别漏掉

腐竹 2 根
五花肉 300 克
青椒 1 根
西红柿 1 个
盐少许

·········· 开胃配菜轻松做 ··········

① 腐竹用清水泡至变软。

② 将青椒和西红柿洗净后切成片。

③ 锅中放入五花肉，炒至金黄后盛出待用。

④ 西红柿加少许水炒出汁后加入青椒、腐竹和五花肉炒 10 分钟，撒盐即可。

豆腐木耳汤

清淡闲适的口味，不需要添加过多的调味料，保证食材原味的同时满足敏感的味蕾，做法简单方便，可轻松烹制的健康营养蔬菜汤。

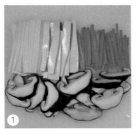
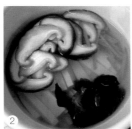

准备这些别漏掉

豆腐 1 块	鸡蛋 1 个
胡萝卜 1/2 根	香菜少许
木耳适量	盐少许
香菇 2 个	

美味配汤轻松做

① 豆腐和胡萝卜切成条，香菇切成片。

② 将切好的食材和木耳一起倒入锅中煮熟。

③ 鸡蛋打散，滤过筛网以画圈的方式将蛋液倒入锅中。

④ 最后撒入香菜和盐调味即可。

视觉盛宴套餐 主菜 配菜 配汤

烤鸭诱人的色泽让人看了不禁垂涎三尺，不单好看还很美味，整只鸡烹调的做法充分保留住了鸡肉原汁原味的鲜美，用来宴请宾客也是一道大受欢迎的佳品。

酱油鸡

美味晚餐轻松做

① 在酱油加入油、水和老抽拌匀调成酱汁。

② 锅中倒入酱汁，放入冰糖、沙姜、八角和香叶大火煮开。

③ 将整只鸡放入锅中。

④ 盖上盖子，小火煮20分钟。

⑤ 将鸡翻面，继续煮15分钟。

⑥ 姜洗净后切成丝，大蒜剥去外皮。

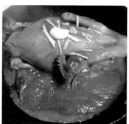

⑦ 姜和蒜放入锅中同煮。

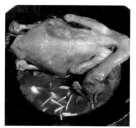

⑧ 中火煮至收汁即可。

准备这些别漏掉

鸡1只、沙姜少许、八角少许、香叶2片、姜2片、大蒜2瓣、冰糖10克、老抽1小勺、油2大勺、酱油4大勺、水少许

制作零失误

1. 整鸡煮好一面再翻另一面煮，不要翻太多次，容易使鸡皮破掉影响美观。

2. 油和酱油的比例是1:2，分量可根据锅和鸡的大小决定，酱汁要没过鸡的一半。

3. 要想酱汁干净，可将香料用纱布包裹好。

🥗 西芹辣炒香干

配菜

这款菜式既简单又好烹饪，豆干的酱香浓郁，老干妈的辣劲十足，以及西芹的爽脆都能轻松做出，让人胃口大开，绝对是下饭的好菜品。

准 备 这 些 别 漏 掉

西芹 2 根
豆干 2 块
老干妈辣椒酱适量

···············开 胃 配 菜 轻 松 做···············

① 将豆干切成条，西芹切成段。

② 舀一勺老干妈辣椒酱倒入锅中翻炒片刻。

③ 加入豆干，中火翻炒。

④ 最后加入西芹翻炒至熟即可。

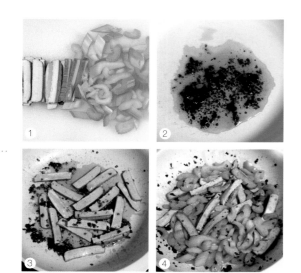

配汤 白果黄鳝莴苣汤

许多家庭常取黄鳝熬制成鳝鱼粥食用，取之补血益气的功效，用黄鳝来烹制汤品也能发挥同样效果，搭配营养丰富的白果，让身体更健康。

准备这些别漏掉

白果 20 克
黄鳝 2 条
莴苣 1 根
盐少许

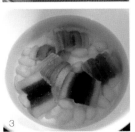

············美味配汤轻松做············

① 白果洗净后焯沸水至熟，沥干水分。

② 黄鳝去头去内脏洗净后切成段。

③ 锅中加入白果和黄鳝，中火煮熟。

④ 最后加入切成小块的莴苣和盐，煮 5 分钟即可。

创新料理套餐

主菜　配菜　配汤

柠檬鸭借由柠檬的酸味调剂鸭肉，让这道菜拥有清新自然的水果味道，鲫鱼豆腐汤能给孩子补充营养，双椒花椰菜的做法让原本平淡的蔬菜变得鲜香可口。

 ## 柠檬鸭

美味晚餐轻松做

① 鸭子切块后洗净，放入水中焯去血水。

② 将酸柠檬、酸姜、酸荞头和酸辣椒切碎。

③ 姜片和大蒜放入油锅中翻炒片刻。

④ 倒入切好的酸料，翻炒均匀。

⑤ 加入沥干水分的鸭肉。

⑥ 炒至酸味渗入鸭肉里。

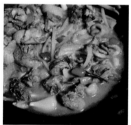

⑦ 再加入少许水，小火炖半小时。

⑧ 最后加入酱油、蚝油、白砂糖和盐炒 10 分钟即可。

准备这些别漏掉

鸭肉 600 克、酸柠檬 2 个、酸姜 3 片、
酸荞头 4 个、酸辣椒 5 根、姜 2 片、
大蒜 2 瓣、水 50 克、酱油 1 勺、蚝油少许、
白砂糖少许、盐少许

制作零失误

1. 可以放入少许老抽调色。

2. 酸料可以根据喜好进行调整，但酸柠檬一定不能替换。

3. 酱汁可边试味道边调制，以更切合口味。

🌸配菜 双椒花椰菜

爆炒后的花椰菜香脆爽口，加上辣椒还能开胃刺激食道。在烹饪中为了不使花椰菜变软而影响口感，将水分充分沥干后大火爆炒即可。

准备这些别漏掉

花椰菜 1 个
干辣椒 3 根
尖椒 2 根
酱油少许
水少许

开胃配菜轻松做

① 将花椰菜用清水洗净切成小块。

② 干辣椒和尖椒切段后入锅翻炒出香味。

③ 加入花椰菜，大火炒 5 分钟。

④ 倒少许水转中火，加入酱油炒至收汁即可。

🍲 鲫鱼豆腐汤

鲫鱼营养丰富，与豆腐烹制成汤，不仅风味鲜美，口感爽滑，而且是滋补佳品，对宝宝的发育很有帮助。

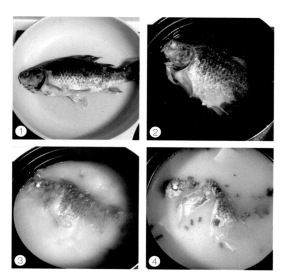

准备这些别漏掉

鲫鱼 1 条
豆腐 1 块
葱花少许
盐少许

·················· 美味配汤轻松做 ··················

① 鲫鱼两面拍少许面粉，入平底锅煎至两面金黄。

② 放入炖锅中，加入水。

③ 大火烧开后转小火煮至汤汁变白。

④ 加入豆腐块，煮 10 分钟后撒盐和葱花。

鲜嫩醇香套餐

只需要一瓶黄皮果酱，就能让鱼更美味，不但烹制方便，而且还独具风味，带有黄皮果香气的清爽酸甜，激发味蕾的同时还能感受到舌尖酥脆鲜嫩的鱼肉。

黄皮果煎鱼

美味晚餐轻松做

① 将鱼去内脏洗净，身上划两刀。

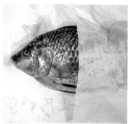

② 用厨房纸将鱼身上的水分吸干。

③ 将面粉均匀抹在鱼身上。

④ 锅中倒入适量油烧热，撒一勺盐。

⑤ 转小火，将鱼放入锅中，不断转动锅，让油能煎到鱼的全身。

⑥ 煎至晃动炒锅鱼能任意滑动时，翻面继续煎5分钟。

⑦ 放入姜片，将黄皮果酱淋在鱼上再煎片刻。

⑧ 出锅撒少许葱花即可。

准备这些别漏掉

罗非鱼 1 条、黄皮果酱 10 克、面粉适量、姜 2 片、葱花少许、盐 1 勺、油适量

制作零失误

1. 最好选择一条不超出煎锅直径的鱼才能将鱼煎得均匀。
2. 抹面粉和撒盐是为了煎鱼时鱼皮不粘在煎锅上。
3. 面粉不要抹太够，容易糊，薄薄一层就可以了。

🥬 蛤蜊蒸蛋

配菜

煮过后的蛤蜊张开双壳，宛如鲜花一般盛开在餐盘中，烹饪这道菜不需要具备多大的技术含量，只要掌握好火候就能蒸出好看又美味的佳肴。

准备这些别漏掉

蛤蜊适量
鸡蛋 2 个
枸杞 4 颗
盐少许
水少许

············· 开胃配菜轻松做 ·············

① 蛤蜊用盐水泡半个小时后焯水煮至螺口打开。

② 鸡蛋加盐和水拌匀后用筛网滤出杂质。

③ 煮开的蛤蜊和枸杞摆入蛋液中，包上保鲜膜。

④ 放入锅里中火蒸 8 分钟即可。

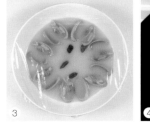

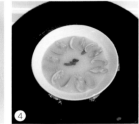

配汤 花生莲藕沙骨汤

莲藕益气补血，沙骨补充钙质，常喝还能增强人体免疫力，制作起来也毫不费力，只要小火慢炖就能熬出营养美味。

准备这些别漏掉

花生 30 克

莲藕 1 根

沙骨 2 根

枸杞 5 颗

姜 2 片

盐少许

美味配汤轻松做

① 烹饪前先将花生用清水泡一夜。

② 将莲藕削皮用清水洗净切成片状。

③ 沙骨洗净后放入锅中焯去血水。

④ 将排骨、莲藕、花生、枸杞和姜片放入炖锅中炖 2 小时后撒盐。

酿出好味套餐

酿菜是无论大人小孩都喜欢吃，酿青椒作为主菜可以同时满足大人小孩的口味，金针菇黑椒肉丝荤素平衡的同时又有黑椒提味，木耳丝瓜汤则负责给全家补充丰富的维生素。

酿青椒

美味晚餐轻松做

① 将五花肉洗净去皮，剁成碎末。

② 香菇洗净切成碎末。

③ 将香菇加入肉末中。

④ 加入酱油、胡椒粉和盐拌匀腌制 10 分钟。

⑤ 青椒切掉蒂，去掉里面的籽。

⑥ 将肉末填进青椒里。

⑦ 锅中倒入水，大火烧开后放入塞好肉末的青椒，小火蒸 10 分钟。

⑧ 拿出后滤干水，放入油锅中煎至微焦即可。

准备这些别漏掉

青椒 6 根、五花肉 500 克、香菇 5 个、胡椒粉少许、酱油少许、盐少许

制作零失误

1. 青椒不要蒸太久，不然皮会变黄变软影响口感。
2. 青椒籽可以用筷子将其剔出。
3. 肉末馅料不用塞太满，适量即可。

配菜 金针菇黑椒肉丝

金针菇、胡萝卜、香菇和猪肉炒出家常的味道，黑胡椒是画龙点睛之笔，让原本平淡的家常菜瞬间充满异域的馨香。

准备这些别漏掉

金针菇 100 克
猪肉条 200 克
胡萝卜 1/2 根
香菇 2 个
姜 2 片
黑胡椒酱少许

·············· 开胃配菜轻松做 ··············

① 将金针菇用清水仔细洗净，并去掉根部。

② 胡萝卜、香菇洗净后切成片状。

③ 锅中倒入少许油，将黑胡椒酱腌制过的猪肉条、姜片和胡萝卜片炒熟。

④ 加入金针菇和香菇，倒入少许水煮熟即可。

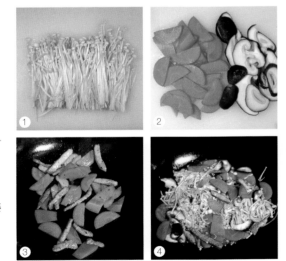

配汤 木耳丝瓜汤

清凉的丝瓜能带给炎夏些许清爽，用来煮成汤品为晚餐补充丰富的营养，咸淡适中的味道恰到好处地为晚餐增添了清甜和滋润。

准备这些别漏掉

丝瓜 1 根
木耳适量
西红柿 1 个
盐少许
油少许

美味配汤轻松做

① 将丝瓜削皮洗净后滚刀切成段。

② 将西红柿洗净切成薄片。

③ 木耳用温水泡发后滤干水分。

④ 锅中水开后倒入食材煮熟，盛盘前撒盐和香油即可。

酸甜爽口套餐

主菜　配菜　配汤

金灿灿的蛋包和鲜艳的茄汁装点餐盘让晚餐看起来诱人，味道酸甜适中，美味可口，能让家中的小朋友喜欢上吃饭的好菜肴非蛋包莫属。

茄汁白菜蛋包

美味晚餐轻松做

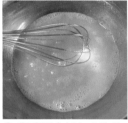

① 在鸡蛋中加入少许盐打散。

② 肉末加入香菇碎、胡萝卜碎和葱花。

③ 倒入少许酱油和淀粉拌匀，腌制5分钟。

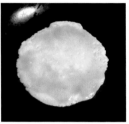

④ 锅中刷一层油，倒入蛋液摊平。

⑤ 蛋液稍凝固后放入肉末至蛋皮一半，铲起另一半盖上封口，小火煎5分钟。

⑥ 将白菜洗净切成段。

⑦ 番茄洗净后，切成较小的块状。

⑧ 将白菜和番茄倒入锅中翻炒出番茄汁后加水、番茄酱和盐，将酱汁淋在蛋包上。

准备这些别漏掉

鸡蛋2个、白菜5片、番茄1个、肉末200克、香菇1个、胡萝卜1/2个、葱花适量、番茄酱少许、酱油少许、淀粉少许、水少许、盐少许

制作零失误

1. 煎蛋包时要用小火慢慢煎才能使外面的蛋液不焦，里面的肉煎熟。

2. 根据蛋皮大小取适量的馅料，太多不易包覆蛋皮，容易露馅。

3. 根据喜好直接用番茄酱蘸蛋包食用也无妨。

配菜 杏鲍菇牛肉粒

想要牛肉肉质更嫩可以用小苏打来腌制，腌制后的牛肉味道更鲜美。切成小块的食材不仅味道充分，也方便夹取食用。

准备这些别漏掉

牛肉 400 克
杏鲍菇 1 个
胡萝卜 1/2 根
青椒 1 根
胡椒酱 2 勺

开胃配菜轻松做

① 杏鲍菇、胡萝卜切粒，青椒切小片。

② 将牛肉洗净切成与萝卜差不多大小的颗粒。

③ 先将蔬菜倒入锅中翻炒片刻。

④ 最后放牛肉炒 5 分钟，加胡椒酱翻炒均匀即可。

味噌鲜蔬汤

这款健康美味的蔬菜汤做起来非常简单，只需要将食材洗净切好，调制好个人口味的酱汤，一起烹煮即可，快捷方便。

准备这些别漏掉

白菜 2 片
西兰花 1/2 朵
香菇 1 个
西红柿 2 片
味噌酱 2 大勺

美味配汤轻松做

① 白菜叶切成段，西兰花切成小朵。

② 香菇和番茄用清水洗净后切成片。

③ 锅中加入水和味噌酱拌匀煮开。

④ 放入蔬菜煮熟即可。

创意滋补套餐

油条是早餐中常见的面点，但你有没有想过它会变身成为晚餐桌上的主角？现在就来试一试吧，让虾仁穿梭在油条中变成可口美味。

油条虾

美味晚餐轻松做

① 将鲜虾洗净后用水焯熟去虾皮。

② 油条切成均匀的小段。

③ 橙子去皮，切成块待用。

④ 煮熟的虾仁剁成虾蓉。

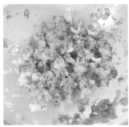

⑤ 加入胡椒粉、盐和淀粉拌匀。

⑥ 将虾蓉塞入油条中放入油锅炸酥脆。

⑦ 加入橙子块，淋上沙拉酱。

⑧ 最后撒上黑芝麻即可。

准备这些别漏掉

油条1根、虾仁适量、橙子1个、
沙拉酱适量、黑芝麻少许、胡椒粉
少许、盐少许、淀粉少许

制作零失误

1. 最好选择蓬松的油条，便于中间塞虾蓉。
2. 橙子要去掉白色表皮，尽量取果肉部分。
3. 为了防止虾蓉掉落，最好用漏勺置于油锅中煎炸。

配菜 口菇炒黄瓜

口菇和黄瓜这两种清淡食材混炒出来的素菜，比起单一食材的素菜来，除了营养加倍外，口感的层次也会更丰富。

准 备 这 些 别 漏 掉

口菇 3 个
黄瓜 1/2 个
胡椒粉少许
酱油少许

开 胃 配 菜 轻 松 做

① 口菇洗净切成片。

② 黄瓜竖切成条后再横切成小块。

③ 锅中倒入口菇和黄瓜翻炒至熟。

④ 最后撒上胡椒粉和酱油即可。

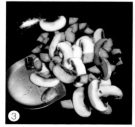
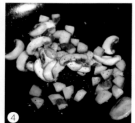

乌鸡山药汤

滋补靓汤绝对少不了乌鸡和山药，配上枸杞更是补上加补，在春秋干燥之时，还能养肝益肾、活血健脾，鲜美的纯汤和软糯的山药更能提高身体的免疫力，是汤品中的滋补佳肴。

准备这些别漏掉

乌鸡 500 克

淮山 1/2 根

枸杞 5 颗

盐少许

美味配汤轻松做

① 乌鸡用清水洗净切成块。

② 将乌鸡放入炖锅中小火炖 1 小时。

③ 将淮山削皮洗净切成均等小片。

④ 和枸杞一起放入汤中炖煮 30 分钟，加盐即可。

········ 人民日报出版社"幸福食光"系列图书 ········

下 厨 房 社 区 最 受 欢 迎 的 美 味 食 谱

《宝贝不剩一粒饭》

书号 ISBN 978-7-5115-2864-3

定价 34.80元

《幸福早餐，给爱的人》

书号 ISBN 978-7-5115-2904-6

定价 34.80元

《寻味世界》

书号 ISBN 978-7-5115-3309-8

定价 34.80元

《爱上家里饭》

书号 ISBN 978-7-5115-3317-3

定价 34.80元